JN034053

QCサークル発表の基本と実践

魅力あるプレゼンに向けて

山田佳明 編著
須加尾政一　山内 高 著

日科技連

はじめに

筆者にはQCサークル発表の経験はありませんが，QCサークル京浜地区の幹事時代に，プレゼン資料作成から大会でのプレゼンまでを幹事仲間で多数経験しました．その中で，幹事同士の研究活動の成果を大会の特別企画として発表することになり，納期が迫る中でのプレゼン資料づくりと要旨集への織り込み，そして当日の発表と，メロメロになった経験があります．その当時はOHPでのプレゼンだったため，投影スライドは手書きで，ほとんどリハーサルせずに当日を迎え，冷や汗もかきながらなんとかプレゼンを終えました．反省点は多々ありましたが，発表資料(研究活動成果)の反響が大きく，みんなで“やった！”を実感しました．

「はじめて学ぶシリーズ」は，本書で第8弾目となります．その目的は，これからQCやQCサークル活動を学ぼうとされる方に，わかりやすい解説でまず基本を理解いただくことにあります．主な対象者はQCサークルのリーダー・メンバーで，QCサークル活動で欠かせない『QCの基本と活用』に始まり，QC手法，QCサークル活動，QCストーリーなどの基本とその活用について解説してきました．

そして，これらそれぞれの基本を実活動に活かした後に，その成果や体験をまとめて発表する，いわば活動の締めくくりとして，QCサークル発表があります．本書はこの「QCサークル発表」を取り上げました．

『QCサークルの基本』(QCサークル本部編，日本科学技術連盟，1996年)では，本部・支部・地区におけるQCサークル大会の目的を次のように述べています．

① 自分たちのQCサークル活動の体験談，アイデアなどを発表して，他社の人々の意見や助言を受け相互啓発をはかる

② 発表することによって，多くの人たちにその成果が認められ，それがメンバー全員の誇りとなり，QCサークルとしての喜びや自信につながる

③　他企業，他事業所のQCサークル活動を身をもって感じることが大きな刺激となるとともに，そのよい点を吸収して自分たちのQCサークル活動に反映させる

④　発表・討論を通じて見識を高め，視野を広め，意識を向上させる

これらは企業内のQCサークル発表会においても同様です．しかしながら，QCサークル発表を負担に感じているサークルが少なからず存在しており，これでは上述の目的を達成できなくなってしまいかねません．

そこで，QCサークル発表の目的を正しく理解いただくとともに，発表に至るまでのプロセスを，効率よく準備し，当日の発表では，発表するサークルと聴衆側とで共感と共有が生まれる，言い換えると相互啓発の貴重な場としていただくことを念頭におき，当シリーズ第6～7弾の共著者の須加尾政一氏，新たに加わっていただいた山内 高氏と一緒に執筆しました．

このようなQCサークル発表を「魅力あるプレゼン」と位置づけ，本書を参考に，より魅力あるプレゼンで，QCサークル活動のPDCAを回し，レベルアップしていく弾みとされることを願っています．

本シリーズを継続して出版する機会を与えていただきました㈱日科技連出版社の戸羽節文社長をはじめ，貴重な助言をいただきました石田新氏に深く感謝申し上げます．

2020年4月

山田佳明

本書の使い方

本書は，QC サークル活動における QC サークル発表の手引書です．PowerPoint を活用し，魅力的な QC サークル発表とするため，以下のそれぞれの手順を解説しています．

- QC サークル発表そのものの理解
- QC サークル発表に至るプロセス
- プロセスの確認と準備～ PowerPoint スライド作成～報告書(要旨)作成～リハーサル

なお，本書は PowerPoint のテクニック書ではなく，QC サークル発表で効果的な機能に絞って紹介・解説しています．本書で取り扱っていない操作・機能は，専門書を参照してください．

【使い方】

① 第 1 章は「Q&A」です．QC サークル発表について感じている疑問や悩みなどに答えるもので，まず「Q&A」を読んで全体の理解を深めてください．

② 第 2 章は，発表という行為の基本を述べているので，必ず読んで以降の章に進んでください．

③ 第 3 章は，発表資料を PowerPoint を用いて作成する手順ですので，既知の部分は省き，よく理解していない部分を中心に読んで活用してください．ただし，知っていると思っていても，こんな使い方もあるのか，ということもあるので，一通り読むことでさらに効果的・効率的な活用につながります．

④ 第 4 章は，リハーサルと要旨の作成手順です．抜かりない準備で，第 5 章の発表(プレゼン)の本番に移ってください．

⑤ 第 6 章は，実際の QC サークル発表事例の PowerPoint を用い,「よい点」

と「直したい点」という形で解説しています．本書で解説しているポイントを再確認してください．

○既刊の「はじめて学ぶシリーズ」を併せてお読みいただくと，より理解を深めることができます．

既刊の「はじめて学ぶシリーズ」

1. 『QC の基本と活用』
2. 『QC 手法の基本と活用』
3. 『新 QC 七つ道具の基本と活用』
4. 『QC サークル活動の基本と進め方』
5. 『QC ストーリーの基本と活用』
6. 『テーマ選定の基本と応用』
7. 『QC サークル活動運営の基本と工夫』

第1章

発表(プレゼン)における Q&A

QC サークル発表における各プロセスの基本を第 2 章以降で解説していますが，その前に本章では，普段から QC サークル発表で感じていることや疑問などを Q&A で簡単に解説します．

この Q&A で魅力的な QC サークル発表とするためのポイントをつかんでいただき，以降の解説に進んで理解を深めてください．

Q1 QCサークル活動に発表がつきものなのはなぜですか

ANSWER

QCサークル発表では，発表する側と聞く側の双方にとって「得るものが多い」からといえます．発表する側は，活動経過のまとめや発表資料作成などに苦労も伴いますが，次への飛躍に向けてのPDCAサイクルを回すよいチャンスとなります．また，聞く側にとっては，発表サークルが取り組んだ活動の実体験を聞くことで，問題解決の仕方だけでなく，苦労をどんな努力で乗り越えたのか，などの生々しい体験から多くの参考点を学ぶことができます．

このように，QCサークル活動(テーマ解決活動)とQCサークル発表はセットで学ぶ場としていることをご理解いただき，QCサークル発表の場を上手に活かしてください．

(第2章2-1節(1) p.16参照)

Q2 発表資料作成時に，事前に準備することはどのようなことがありますか

ANSWER

活動と発表資料は一体です．つまり，発表資料は実際に活動(テーマ解決)してきた経緯をそのまま資料にすればよいのですが，発表会の概要(名称，種類，参加対象者など)，特に社外発表では発表要領を事前に入手し確認のうえ，準備に取りかかります．

実際の発表資料作成に際しての事前準備としては，その活動で作成した活動計画書の各ステップで実施した内容，作成した図表などを整理することになります．この際に，第2章で述べるパソコンを活用した「サイバー活動」をうまく行っていると，事前準備と資料作成も効率よく行えます．

そのうえで，発表までの準備計画(日程，役割分担，業務調整など)を検討・作成し，具体的な発表資料作成に取りかかります．

(第2章2-4節 p.28参照)

Q3 社内向けと社外向けの発表で考慮すべきことを知りたい

ANSWER

社内と社外での発表で大きく異なるのは，参加者(聴講者)です．特に社外での参加者は，自分たちや自社のことは何も知らないことを念頭に置き，発表資料や口頭説明に注意が必要です．

社内・社外におけるQCサークル発表会の種類と留意点を，表2.1(p.19参照)にまとめてありますので参照してください．特に社外発表では，会社や仕事内容の説明とともに，専門用語や記号の解説は不可欠です．

また，共通して留意したいのが，一般的な改善事例発表会(体験事例発表会ともいう)では，そのテーマの解決(問題解決)のみに終始するのではなく，実現したかったこと，そのために努力したこと，などを含めた，活動体験としての発表が望まれていることです．

(第2章2-1節(2)　p.18参照)

Q4 発表資料づくりに時間を要してしまう．効率よく作成するには

ANSWER

Q2のANSWERでも述べましたが，活動してきたことを素直に発表資料にまとめることが基本ですが，やっていないことを無理にQCストーリーに当てはめようとすると，余計な時間ばかり要したり，何のための発表なのかわからなくなってしまいます．また，いきなり発表資料作成を始めるのではなく，発表までの準備計画を立て，計画的に進めることも大切です．

そして，普段の活動でパソコンを活用した「サイバー活動」も発表資料づくりに効果的です．たとえば，活動の節目でそれまでの活動内容や作成した図表などをPowerPointに整理しておくと，発表スライド作成もスムーズに運ぶでしょう．これらをうまく組み合わせ，効率的・効果的な発表資料づくりとしてください．

(第2章2-1節(3)　p.18参照)

Q5 なぜ発表資料はQCストーリーのステップに沿う必要があるのか

ANSWER

発表のやり方を大別すると，結論を先に述べてから詳細を説明する方法と，時間経過における出来事や実施事項を述べていき最後に結論を述べる方法があります．QCサークル活動でのプレゼンテーション(以下プレゼン)方法は，後者が一般的です．

プレゼンは聞いている方々に理解していただくことが必要です．そのためには「見せる」目的でのスライドと，「聞かせる」目的での口頭説明の両者を用いてプレゼンするのが一般的です．特に，改善などの体験談をプレゼンする場合には，発表内容が論理的であり筋が通っている必要があります．

もともとQCストーリーは報告書を作成するための手順として作られたものであり，これに従って発表すると，論理的でわかりやすくなるという特徴があります．そのため，QCストーリーのステップに基づいた発表が主体となっているのです．

(第3章　p.36参照)

Q6 改善活動でQCストーリーに抜けがある場合はどうまとめればよいか

ANSWER

これに関しての記載は，本書ではしていません．Q2のANSWERでも述べていますが，活動と発表資料は一体です．つまり，発表資料は実際に活動(テーマ解決)してきた経緯をそのまま資料にすればよいのです．改善活動におけるQCストーリーで抜けがあるからといって，QCストーリーの手順に合わせるために，実施していないことを実施したようにでっちあげたり，データを捏造することは絶対に許されません．

QCストーリーに抜けがないか，各手順が終わった段階で確認しながら改善を進めていくことに心掛けましょう．

Q7 発表がわかりにくいとよく指摘される．発表をわかりやすくするには

ANSWER

発表がわかりにくい，と言われてしまったら，これまで時間をかけて一所懸命に準備してきた人はショックなことと思います．しかし，第三者からわかりにくいという指摘を受けたということは，これまでのまとめ方やプレゼン資料の作り方などに何かしらの問題があると考えるべきです．自分たちのこれまでのやり方に問題があるのだ，と気づくことができれば解決は可能です．

わかりにくいプレゼン形態とわかりやすいプレゼン形態の比較をすると，次の4項目，内容・メリット・論理性・専門性において大きな差が現れてきます．これらの項目をわかりやすくするためのプレゼン資料の作り方をマスターしましょう．

(第3章3-1節(2)　p.35参照)

Q8 各スライドの構成に決まりがあれば知りたい

ANSWER

プレゼンにおけるスライドの構成には，発表ストーリー全体の構成と1枚1枚のスライド画面の構成とがあります．

発表ストーリー全体の構成では，QCストーリーの手順に準じるのがよいです．発表する際には，問題解決型などの改善手順の前に「はじめに(職場の紹介など)」を，改善手順の後ろに「反省と今後の課題」を追加するのが一般的です．

1枚1枚のスライド画面の構成においては，次のようなことに注意しておくとよいです．①盛り込みすぎない(1枚のスライドに主題は1つ)，②画面の流れの説明を一定にする(たとえば，上から下，左から右)，③タイトルを定位置に設ける，④重要なものは画面中央に配置する，⑤ポイントとなる説明は下段にレイアウトし，大きなフォントを用いる．

(第3章　p.36参照)

Q9 発表テーマ名は，活動時のテーマ名と異なっていてよいのか

ANSWER

これに関しての記載は，本書ではしていません．テーマ名をいつ(どの段階で)決めるべきか，悩みますよね．「テーマの選定」という手順でテーマ名は決めなければいけないのか，決めたテーマ名は変更してはいけないのか，「効果の確認」での実績を見てからテーマを決めてはいけないのか….

改善によってやりたいことが素直にテーマ名に表現されていれば，発表テーマは改善活動時のテーマと同じになります．改善活動を行う際，「テーマの選定」で仮のテーマ名を決め，「目標の設定」においてテーマ名を見直すのがおすすめです．

発表テーマは，改善活動時のテーマと同じになるのが基本ですが，活動を行うことによって強調したいことが出現することもあります．そのようなときには，サブテーマにその内容を入れ込むとよいです．

Q10 プレゼンテーション・ソフトはPowerPointしか使用できないのか

ANSWER

プレゼンテーション・ソフトは，PowerPoint以外にもあります．自分たちでプレゼンしやすいソフトがあるのであるならば，何を用いてもよいでしょう．筆者は使用したことはありませんが，Apple社のKeynote，Googleスライド，Microsoft社のSwayの他に，オンラインプレゼンツールもあります．代表的なものに，Prezi “Next”，Zoho Showなどがあります．

一方で，なぜPowerPointがここまで広まったのかを考えてみてください．「使用ユーザーが多い」，「機能が豊富」などの特徴が光ります．

(第3章3-2節　p.37参照)

Q11 PowerPoint の設定で最初にやっておくべきことは何か

ANSWER

PowerPoint を用いてプレゼン資料を作成する際に，①スライドのデザイン，②スライドのサイズの 2 つの設定は必ず実施しましょう．

（第 3 章　p.40 参照）

Q12 スライドの構成は，統一感があったほうがよいのか

ANSWER

PowerPoint でのスライドを構成する要素には，文書，ワードアート，Excel などで作成した図表，イラストや写真，図形，動画，リンク，グラフ作成などがあります．すべてのスライドを同じような構成にするというのは，内容が異なるスライドを用いてのプレゼンにおいては，難しいことです．

しかし，表題の付け方やフォントの種類や色などが統一されていると，見ている人にも安心を与えますので，おすすめです．

（第 3 章　p.65 参照）

Q13 スライドのカラーリングはどのように考えればよいのか

ANSWER

文字や図形に色を付けるカラーリングはプレゼンの中では重要なことです．目立たせたい・協調したい文字に色をつける，作成した図形に色をつけることによって，よりわかりやすい資料にすることができるなどのメリットがあります．ただし，派手な色の多用は避けたほうが無難です．

（第 6 章　p.157 参照）

Q14 アニメーションの活用はどのように考えればよいのか

ANSWER

PowerPointには，いろいろなアニメーション機能が用意されています．上手に使えば大きな効果を得ることができますが，逆に下手に使ったり，使いすぎてしまうと逆効果になってしまう可能性があるので，使い方には十分な注意が必要です．

はじめてPowerPointを作成する人にありがちな失敗として，アニメーションに凝りすぎてしまう，ということがあります．アニメーションの多用は控えたほうが無難です．

有効な活用方法の例をあげると，工程での設備やモノの動きをアニメーションで表現することです．あたかも動画を見ているような動きが再現されます．ビデオでは余計なモノまで入り込んでしまいますが，アニメーションでは着目してもらいたいモノだけを見せることができます．

（第3章　p.79参照）

Q15 リハーサルはどのように行えばよいのか

ANSWER

リハーサルを行う前に，リハーサルのための準備を十分に行っておくことが大切です．発表者の人数，パソコン操作者（PowerPointを操作する人）の決定などを決めて，発表原稿の読み合わせに合わせてPowerPointを操作してみたり，発表時間の調整や言い回しなどの検討などを実施しておきます．

本番の発表前のリハーサルは，パソコンにプロジェクターを接続してリハーサルしましょう．できるだけ多くの方々の前でプレゼンすることにより，さまざまな観点から助言を得ることができます．

（第4章4-1節　p.96参照）

Q16 原稿を読む発表はよくないのか，望ましい発表とは

ANSWER

発表者が最も悩む問題です．発表原稿を読んでもよいのか，丸暗記しなければいけないのか….

結論として，原稿は読んでかまいません．丸暗記に挑戦して，途中で頭の中が真っ白になり，次の言葉が出てこず，おたおたしてしまうようなことは避けましょう．原稿の有無ではなく，自信をもって，明るく，元気よく発表することが大事です．たまに顔を上げて，会場の後方を見る余裕があれば最高です．

（第 4 章　p.106 参照）

Q17 発表途中で発表者が入れ替わるのはよくないのか

ANSWER

発表者の人数を決めるのも悩みますが，正解はありません．表 4.1（p.105）にそれぞれの利点と問題点と考えられる弱点を示しましたので，サークル内で検討して決めてください．

（第 4 章　p.105 参照）

Q18 発表で掛け合いをするのはよくないのか

ANSWER

2 人以上の発表者で発表することによって，生まれるメリットがいくつかあります．その代表が，「掛け合い」です．これは声質が異なることを利用して，A さんと B さんの会話を再現したり，表題と説明の担当を変えることによって，わかりやすくなるなどのメリットがあります．

また，息継ぎの時間を稼ぐことができるので，結果的には 1 人で発表するよりも多くのことを説明することができます．

（第 4 章　p.105 参照）

Q19 発表要旨集と発表当日のスライドで一部異なるのはよくないのか

ANSWER

要旨は貴重な資料として後世に残すことができます．基本的には，発表要旨集と当日のスライドが異なることは好ましくありません．

質問にある，「一部異なるのはよくないのか」に対して，「異なる」の意味合いが，「修正」の場合と，「最新情報の追加」の場合とで考えます．

要旨が間違っていたので一部修正した場合，間違っていたことを素直に認め，修正して発表するようにしてください．

最新情報の追加の場合，例えば，効果の確認期間を先月まで延長して発表したい，などがこれに該当します．スライドすべてを要旨に掲載することは難しく，このような方法は何ら問題ありません．

（第 4 章 4-5 節　p.110 参照）

Q20 プロジェクターとパソコンの相性や使用機材で気をつけることは何か

ANSWER

主催者側で事前に用意された機器（パソコン，プロジェクター）を利用する場合，または自分でパソコンを準備する場合，以下の点に注意が必要です．

① 使用するパソコン搭載の OS や PowerPoint のバージョンによって，操作方法やスライドの色合いが異なっていないか

② 会場のプロジェクターとのケーブル接続が，正しくできるか
（AGV ケーブルや HDMI ケーブルの利用可否）

③ 持ち込むパソコンは，トラブル防止のため以下を事前処置しておく

- スクリーンセーバー，モニター省電力設定の解除
- 立ち上げるパスワードや，解像度変更などの操作方法を確認しておく
- 電源コードやマウスなどの周辺用品を忘れずに持参するなど
- 発表前にフル充電しておく

（第 5 章 5-2 節（2）　p.118 参照）

Q21 発表で緊張しないためのアドバイスを知りたい

ANSWER

大勢の聴講者を前にして壇上で発表することは，誰でも緊張します．普段以上のものを出そうとするプレッシャーが「あがり症」の原因です．自然体で，自信をもって壇上に上がってください．「あがり症」の克服・回避に役立つポイントを以下に示します．

- 「うまく話そう」と自分に言い聞かせない
- 深呼吸や喉を潤して気持ちを落ち着かせる
- 発表前に舞台袖から客席を見ておく
- 原稿を読みながらスクリーンを見る
- 原稿の冒頭1～2ページを完全に暗記しておく　など

（第5章5-8節　p.128参照）

Q22 聴講者に興味をもたせるような魅力的な発表方法はあるか

ANSWER

魅力的な発表とはわかりやすい説明，すなわち聴講者の立場からは「聞きやすい話し方」が求められます．

- 話すスピードは1分間に300文字程度で，ゆっくり，はっきりと話す
- 棒読みでなく強弱をつけて，具体的に，わかる言葉で，専門用語は極力避ける
- 自信をもって，語尾は「です・ます調」で言い切る

逆に気をつける点は画面の動きと説明が合わない，「あぁ～，えぇ～」の多発，同じことを何度も繰り返す，画面の文字をすべて読む，下ばかり(原稿ばかり)見る，大声や罵声・学芸会調の掛け合い，ポケットに手を入れる・腕を組むなどです．

（第5章5-8節　p.127参照）

Q23 発表後の質疑応答に不安があるが，何かよい方法はないか

ANSWER

質疑応答は聴講者の方々との双方向コミュニケーションの場であり，より深く内容を理解してもらうように前向きにとらえてください．気をつける点は以下のとおりです．

- 質問を受けたら，まず感謝の意を込めてお礼を言ってから回答する
- 質問内容を聞き流さないように，アシスタントがメモをとるようにする
- 答えに困ったら，アシスタントや支援者に助けを求める
- よく質問される「苦労した点，工夫した点」について説明資料を準備する
- 聞きにくかったら「もう一度お願いします」，わからないときは「わかりません」，会社の機密事項であれば「会社の機密に関することなので」など，率直に答える

（第5章5-6節　p.124参照）

Q24 発表終了後のスライドは，どのような状態がよいのか

ANSWER

発表を終えホッとするところですが，その後に質疑応答に備えて次のようにするのがよいでしょう．

① スライドの最初に戻って，発表タイトル（テーマ名など）を表示する

② スライド一覧（＜表示＞タブ→＜スライド一覧＞）を表示して，質問・回答の準備をする（スライドショー実行中であれば，[－]で表示も可能）

③ 今回の発表で最も伝えたい部分（まとめ）を，スライド追加して表示する

発表後のスライド状況に決まった形があるわけではありませんが，スライドショー終わりの黒画面のままになることだけは避けてください．また発表会でよく見られる「ご清聴ありがとうございました」の表示もよいのですが，質疑応答の時間中に出っ放しになるのはムダなことです．

（第5章5-6節　p.125参照）

Q25 もし発表中にパソコンがフリーズしたら，どうすればよいか

ANSWER

パソコン自体の機能が向上したとはいえ，発表直前または発表中にスクリーン上に何も映らなくなってしまう，あるいはパソコンがフリーズして操作を受けつけなくなってしまうなどのトラブルは珍しくありません．写真や動画を多用した資料の読み込みに時間がかかっているだけかも知れませんし，スクリーンへの画像出力前であれば，複数パソコンの切り替えスイッチャーのトラブルも考えられます．こうしたときは，自分で解決しようとせず，すぐに主催者側スタッフに助けを求めるのがベストです．自分自身があたふたして，トラブル解消後の発表に影響しないようにしてください．

（第 5 章 5-9 節(4)　p.130 参照）

第2章 発表(プレゼン)の基本

第2章では，発表という行為に際して，押さえておくべき基本について述べます．

本書では，QC サークルがあるテーマや期間に取り組んだ内容を発表する，QC サークル発表を対象にしていますが，聞く側・発表する側双方にとって魅力的な発表とするための基本としてください．

2-1　QC サークル活動とプレゼンテーション

QC サークル活動には，会合を始め，勉強会，社内外行事への参加など，さまざまな活動の場がありますが，その中心はテーマ解決(改善)活動となります．そして，改善活動の成果やプロセスを公表する場として，QC サークル発表会が設けられているのが一般的です．

つまり，改善活動と発表はセットとして推進されているといえ，それだけに何のための発表なのか，発表の目的をしっかりと理解しておくことで，効果的で魅力あるプレゼンテーションへの第一歩となります．図 2.1 に QC サークル活動における QC サークル発表会の位置づけを示します．

(1)　QC サークル発表会の目的

QC サークルが誕生した 1962 年 4 月の翌年には第 1 回 QC サークル大会が仙台で開催され，その後，全国の支部・地区でも頻繁に開催されるようになり，2018 年 5 月には第 6,000 回記念大会が札幌で開催されました．また，企業・組織内では，さらに多くの発表会が開催されています．

なぜ，このように継続して頻繁に発表会が行われているのかといえば，**聞く側と発表する側の双方に得られるものが多い**からです(図 2.2 参照)．

- 聞く側：どのようにどのようなテーマを選定し，活動を計画し，役割分担し，どのような場面でどのような QC 手法を活用し，そしてサークルの運営を工夫しているのかなど，QC サークル活動の具体的な取り組み方をまとまって学ぶことができる．
- 発表する側：改善活動ごとの区切りとして，活動のプロセスをまとめることで，反省事項の PDCA を回しやすくできたり，活動の成果や努力した点を多くの人に共感してもらい，達成感を得られるとともに今後の飛躍へのきっかけとすることができる．

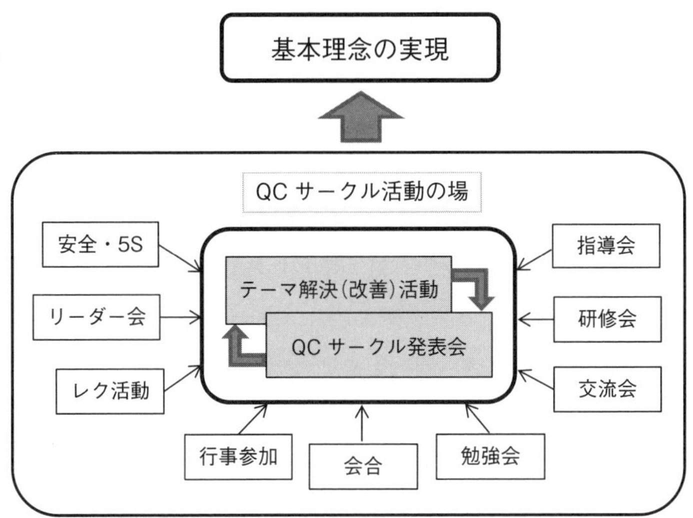

図 2.1　QC サークル活動における QC サークル発表会の位置づけ

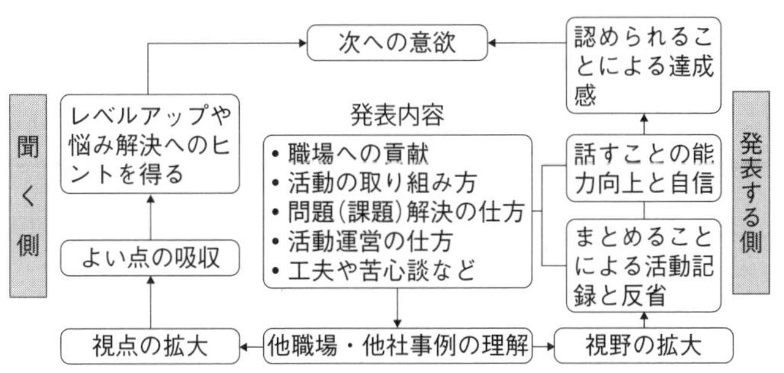

図 2.2　QC サークル発表会で得られるもの

(2) QC サークル発表会の種類

QC サークル発表会には，その目的，参加対象者，規模などによりさまざまな種類があります．大別すると，社内での開催と社外での開催に分かれ，さらに目的別に表2.1のような種類で開催されており，発表条件も異なってきます．特に社外での発表では，職場内の発表と異なり仕事やその予備知識に差が大きいため，専門用語の取り扱いには配慮が必要となります．

このように，発表会の種類に応じた発表準備と発表が必要となりますので，発表に際しては，表 2.1 に示した留意事項と発表条件を確認のうえ，発表準備を進めるようにしてください．

発表内容別の区分は，表 2.2 に示すように，大きく 3 区分となります．目標の発表会を目指した取組みもぜひ行ってください．

- 改善事例：社内外発表会の多くの発表は，日常改善活動をまとめたもの
- 運営事例：サークルの成長過程における運営の工夫や努力をまとめたもの
- 推進事例：QC サークルを指導・支援する推進側のサークル育成の事例

(3) サイバー活動とサイバー・プレゼンテーション

職場で仕事を進めるうえで，また生活面においてもパソコンは必需品になっていますが，QC サークル発表会でも同様です．IT の進展のお陰といえますが，パソコンが普及する以前は，発表資料はシートに手書きし，投影も OHP (オーバー・ヘッド・プロジェクター)でシートを 1 枚ずつ差し替えて操作していました．シートの修正も容易でなく，持ち運びや保管などにも苦労を伴い，かなりの労力が必要でした．

現在，QC サークル発表では，ほぼ 100％がプレゼンテーション・ソフトの PowerPoint で発表スライドの作成と発表を行っており，OHP 時代と比べて格段に効率化されています．この便利なパソコンを発表の場だけでなく，QC サークル活動全般で活用し，効果的・効率的な活動にすることが期待されます．

表 2.1　QC サークル発表会の種類と発表時の留意点

主な発表会の種類		内容と発表時の留意点
社内	中間発表会（報告・指導会）	テーマ解決活動の中間でもたれ，活動状況報告とともに指導会をかねている場合が多い．活動中の課題や悩みを報告し，指導を受ける
	職場内・部門内発表会	組織の１つの単位での発表会．気楽な職場内から事業所の発表会までさまざま．参加者は業務内容をある程度理解しており，いきなり改善内容に入りやすいので，改善の中身を重点的に発表するとよい
	全社大会	全社からさまざまな参加者が集まるので，わかりやすさに注意が必要．業務内容や専門用語の説明が必要で，職場内発表会での発表そのものでなく，見直しが必要
	その他	グループ大会やグローバル大会では，全社大会に準じた準備が必要
社外	QC サークル大会（QC サークル本部・支部・地区主催など）	改善事例を中心とした発表会．各企業・団体から参加のため，自分たちのことについては知らないと考える．そのため，会社・仕事内容の説明や専門用語に注意が必要．主催者側により，発表要領や条件が設けられているので，要領に沿った準備が必要
	選抜 QC サークル大会（本部・支部・地区主催）	運営事例を中心とし，通常の改善事例の発表とは根本的に異なるので注意が必要．発表資格・条件・要領をよく検討した準備が必要
	招待発表や参考発表	特に要請された発表で，本部・支部・地区での大会に準じた準備・発表が必要

表 2.2　発表内容の区分

区　分	内　　容
改善事例	QC サークルが品質，コスト，安全，環境など，職場の問題・課題をテーマに，どのように改善を行ったかについてまとめた内容
運営事例	継続した QC サークル活動で培った活動運営の創意や工夫，メンバーの成長，職場力の向上などのプロセスをまとめた内容
推進事例	QC サークルを推進・支援している上司や推進事務局などの推進者が，どのように QC サークルを育成し活動の活性化に努めているかについてまとめた内容

1) サイバー活動とは

「サイバー(cyber)」とは,「電脳」とも訳されますが,サイバー・スペース(電脳空間)やサイバー・テロ(電脳犯罪)のように,パソコンやインターネットを利用したある行為を示します.

パソコンの優れた機能をうまくQCサークル活動に活用し,より効果的・効率的,そして新しい展開に挑戦していくQCサークル活動を**「サイバー活動」(サイバー・アクティビティー)**と呼ぶようになりました(杉浦忠,山田佳明:『続QCストーリー入門』,日科技連出版社).

本書では,QCサークル発表を主題にしていますが,日常の会合,テーマ解決などのさまざまな活動においても,パソコンや社内外ネットワークを有効活用する「サイバー活動」をおすすめするものです.

このサイバー活動の具体的な場面にどのようなものがあるのか,日常活動において整理した結果を表2.3に示します.

2) サイバー・プレゼンテーションとは

QCサークル活動の過程で,パソコンを活用したアウトプットを活かし,プレゼンテーション・ソフトの機能を発揮させ,効率的・効果的なプレゼンを行うことを「サイバー・プレゼンテーション」と呼ぶようになりました(杉浦忠,山田佳明:『続QCストーリー入門』,日科技連出版社).

このように,QCサークル発表の際にパソコンとプレゼンテーション・ソフトを活用するだけでなく,QCサークル活動の過程でパソコンを活用したアウトプットを上手に活かしたサイバー・プレゼンテーションをおすすめします.

サイバー・プレゼンテーションのメリットとして,誰もが簡単に発表資料が作成でき,下記のような数々のメリットが生まれます.

表 2.3 QC サークル活動におけるサイバー活動の場面

活動	場面	サイバー活動
テーマ解決活動(問題解決)	1. テーマの選定 ① 職場に関する情報収集(上司方針，後工程や顧客，メンバーなどからの情報) ② 入手した情報の整理と優先順位づけ 2. 現状の把握～要因の解析 ① 既存データや新規データの収集・整理・分析 ② 実験・検証 3. 対策の検討と実施 ① 新旧の類似方策の情報収集 ② 対策案(試行を含む)の検討と実施 4. 効果の確認～標準化と管理の定着 ① データ収集と確認 ② 標準類の改訂または新規制定 ③ 周知徹底(教育)と実施状況確認・フォロー	• 情報収集と記録 • 事実・データの収集・記録と分析 • 実験と検証 • 対策案の検討と最適策の抽出・実施 • 対策ごとの結果確認 • 記録・データ収集と記録 • 標準書類作成 • 教育資料作成・実施
会合開催	1. メンバーや関係者への開催日時・場所・内容連絡 2. 会合に向けての諸準備(前回以降の実施状況の整理や今後の計画の事前検討など) 3. 会合実施(各種データ・資料の提示など) 4. 会合記録作成とメンバーや関係者への送付	• 会合計画とその連絡 • データ整理や資料の作成 • 会合記録作成と配付 • 関係者への連絡
報告と発表	1. 活動内容(データなど)の整理 2. 報告資料作成と報告 3. 発表資料の作成要旨，PowerPoint スライド，発表原稿 4. 発表練習と発表	• データ類整理・報告資料作成・発表資料作成 • リハーサルと調整
レベルアップ	1. サークル方針・目標・計画の検討と作成 2. 計画に沿ったレベルアップ活動教育への参加，勉強会の実施など	• 計画資料の作成・教材などの作成・実施結果整理
日常活動	1. 各種登録や報告制度による実施テーマ登録や完了報告，年間評価結果報告など 2. 改善提案資料作成と提出 3. 各種掲示と管理 4. 関係者との連絡・調整・会議出席，リーダー会議などにおける活動 5. サークルの活動状況整理・まとめ・記録など	• 登録・報告資料の作成 • 改善提案資料作成 • 掲示資料の作成 • 各種データや資料整理と記録

【サイバー・プレゼンテーションのメリット(図2.3参照)】

- パソコンで作成した資料を再利用できる
- プレゼンテーション・ソフト(ここではPowerPoint)を活用し，発表資料や発表原稿，配付資料を簡単に作成できる
- 修正が簡単にできる
- 動画やナレーションなどを挿入できる
- パソコン上でいつでもリハーサルできる
- かさばらないので持ち運びやすい
- 保存・保管や共有化が容易にできる
- フィルムやインク，紙などが不要で，地球環境にやさしい

サイバー・プレゼンテーションのメリットを活かし，効果的・効率的な発表資料作成とプレゼンを行ってください．

2-2　魅力あるプレゼンの基本

QCサークル発表会が近づくと気が重くなる，QCサークル活動において発表がなければいいのに…．このように，QCサークル発表はやや毛嫌いされる傾向があるのも事実です．なぜそうなるのでしょう？　確かに1つのテーマを完了し，一息つく間もなく発表の諸準備，そして発表…．「大変！」という言葉が出てきそうです．この「大変！」を「やった！」にするには，どうすればよいのかについて考えてみましょう．

(1)　魅力あるプレゼンとは

「魅力」とは，「人の心をひきつける力」(広辞苑)とあります．「人」とはプレゼンの相手，QCサークル発表会では参加者になり，参加者の心を磁石のようにプレゼンにひきつける，そうなることが魅力あるプレゼンといえそうです．

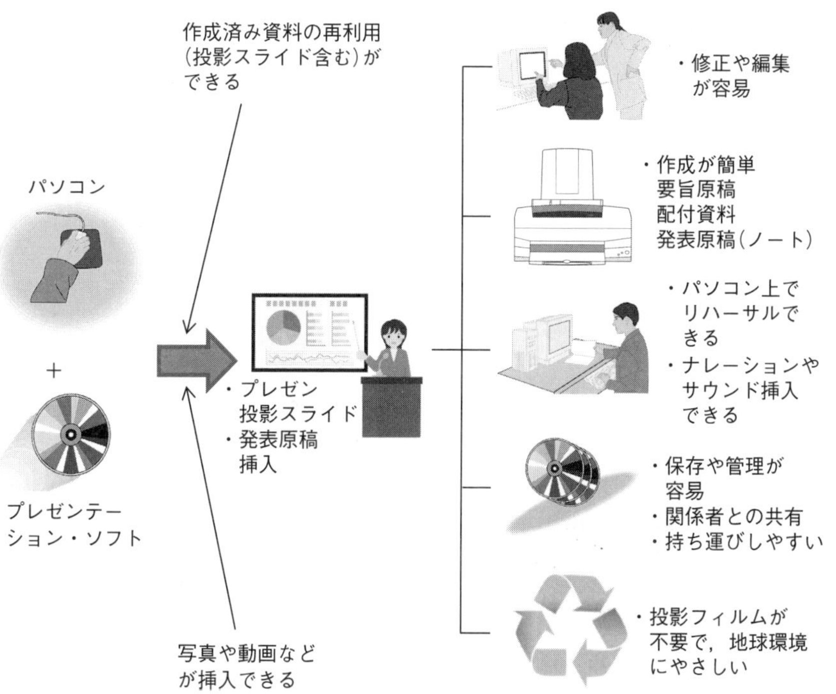

図 2.3　サイバー・プレゼンテーションのメリット

また「心をひきつける」とは，プレゼン側と参加者が共感・共有すること，双方で得るものがあることといえそうです(図2.4参照)．

このように，参加者に共感を呼び，プレゼン側と何かしら共有する，つまり魅力あるプレゼンにするには何が必要なのでしょう．魅力あるプレゼンといっても，プレゼンそのものが素晴らしい・上手であるだけでは，人の心をひきつけられるとはいえないと思います．たとえば，活動そのものがやっつけ仕事的で，特に努力や工夫もしていない内容であったら，プレゼンを上手にやったとしても共感を得ることはむずかしいといえます．したがって，魅力あるプレゼンの条件として，次が必要ではないでしょうか．

- プレゼンする活動そのものが魅力的であること
- プレゼンそのものがわかりやすいこと

(2) 魅力あるプレゼンの条件

魅力的なプレゼンとするためには，プレゼンそのものがわかりやすいものであることは当然ですが，相手に伝える内容(活動)が魅力的であること，この2つが備わっていないと共感と共有は生まれにくいことを前述しました．QCサークル発表で相手に伝える内容は，図2.2で示したように，①職場への貢献，②活動への取り組み方，③問題(課題)解決の仕方，④運営の仕方，⑤工夫や苦心談，などがあります．これらを含んだプレゼンから聞く側はこれからの自分たちの活動に何かしらの糧を得て，発表側と共感し共有が生まれます．

魅力あるプレゼンの条件を，以下に示します(図2.5参照)．

1) プレゼンする活動そのものが魅力的であること

- 上述の①～⑤で示した伝えたい独自の何かを含んでいる．

2) プレゼンそのものがわかりやすいこと

- 発表内容の筋が通っていること

  発表内容の骨組み，流れ，筋がしっかりとしていて，特に伝えたいことがはっきりとしていることが求められます．改善事例を中心とした発表で

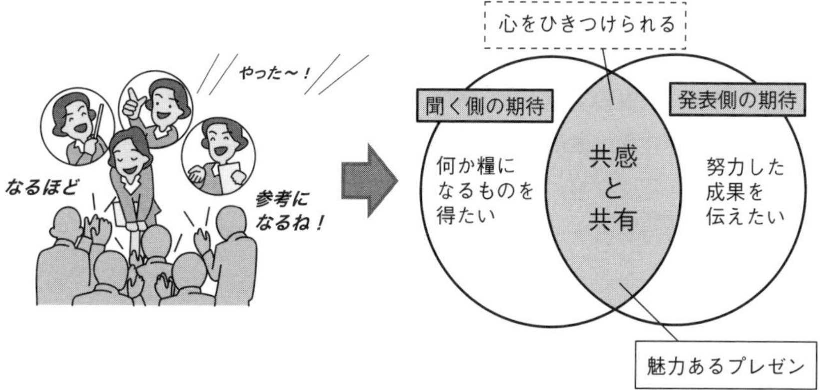

図 2.4 魅力あるプレゼン

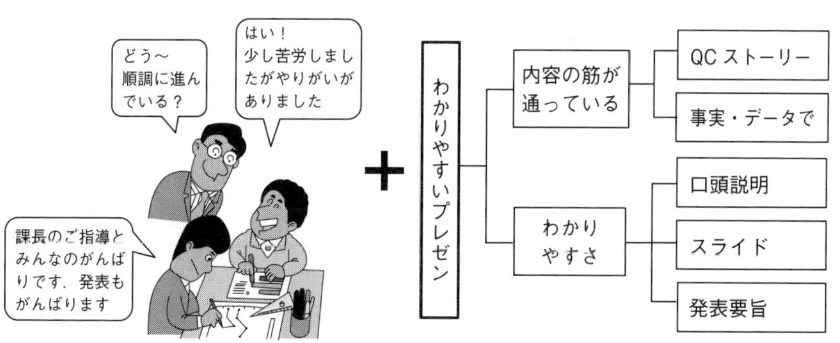

図 2.5 魅力あるプレゼンの条件

は，適用したQCストーリーの型に沿い，事実・データで流れや筋をつないでいくことがわかりやすい発表への基本ともなります．

• わかりやすい説明・スライド・報告書(要旨)の三位一体で

発表はあくまでも口頭説明が主体で，スライドや報告書は口頭説明を補完するものです．この3種類の発表の手段にズレがあったり，見にくい，わかりにくいものであると，発表の目的が薄れてしまいます．3種類の発表手段の一体化・連携が必要といえます．

QCサークル発表において，その中心はプレゼンではなくあくまでも活動(改善)そのものであることを忘れないようにしたいものです．

2-3　プレゼン資料・スライド作成の概要

ここで魅力あるプレゼンのための資料・わかりやすいスライド作成のための考え方・概要を示します．詳細は第3章で解説します．

(1)　プレゼン資料作成の基本

魅力あるプレゼンの実現のため，サイバー・プレゼンテーションを活用することになります．具体的にはプレゼンテーション・ソフトのPowerPointを用いて投影するスライド(以下，スライド)を作成しますが，作成したスライドを縮小して発表要旨原稿とするケースも多く，一石二鳥とすることもできます．

スライドを作成するときの基本は，以下の2つがポイントです．

1)　目に見せること：ビジュアル化

「百聞は一見に如かず」のように，ひと目見ただけで伝えたい情報を正確に短時間で相手に伝えることができるのがビジュアル化です．またビジュアル化は，短時間での伝達だけでなく，印象に残る記憶時間が長いため，限られた時間内でのQCサークル発表では，口頭説明とビジュアル化したスライド提示は

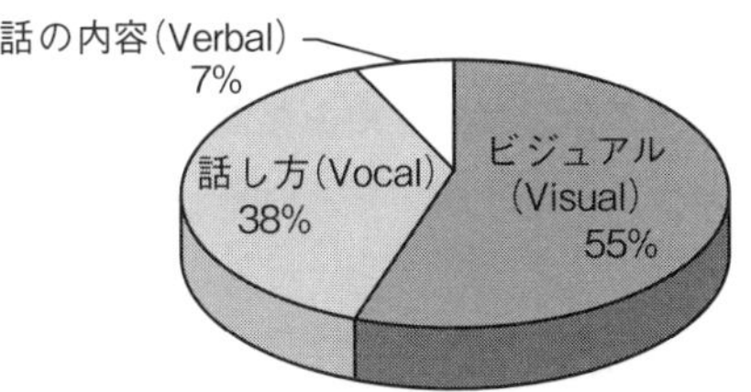

図 2.6　3V が印象づけに寄与する割合

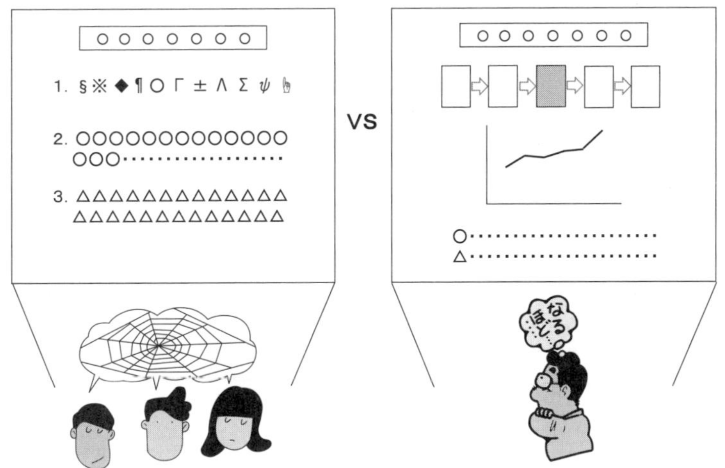

図 2.7　プレゼン資料作成の基本

魅力あるプレゼンに欠かせない基本といえます．

なお，コミュニケーションの3V（Visual，Vocal，Verbal）が印象づけに寄与する割合を図2.6に示します．

2）　聞く側になってわかりやすさに配慮すること

プレゼンの対象者が発表側のことをどこまで知っているでしょうか？　職場内の発表会を除いた他の発表会では何も知らない，との理解でプレゼン資料作成と当日の発表に向かい合ったほうがよいといえます．そのためには，聞く側になって，わかりやすさに配慮することが必要です．

たとえば，専門用語や記号は解説をする，外国語は日本語化している以外は用いない，工程の概要や装置の説明は図解やイラストで表示する，などの工夫が必要です（図2.7参照）．

2-4　発表までのプロセス

魅力あるプレゼンのためには，どのような場でどのような要領で発表するのか，そのためにどう準備を進めればよいのか，あらかじめ把握・検討しておくことが重要です．ここでは，一般的な発表のプロセスを紹介します（図2.8参照）．

なお，社内と社外での発表，いずれにしても同様のプロセスを踏むことになりますが，社外での発表では，多くの場合一度は社内で発表を行っているので，発表条件を中心に見直し・修正することになります．

発表までのプロセスにおいて，特に留意することを下記に示します．

1）　発表会概要の把握

発表の種類（改善事例か運営事例か）と発表資格・条件によっては，その後の準備が大きく変わってきます．また発表会場や規模などとともに，発表資格や参加対象者の状況なども確認します．

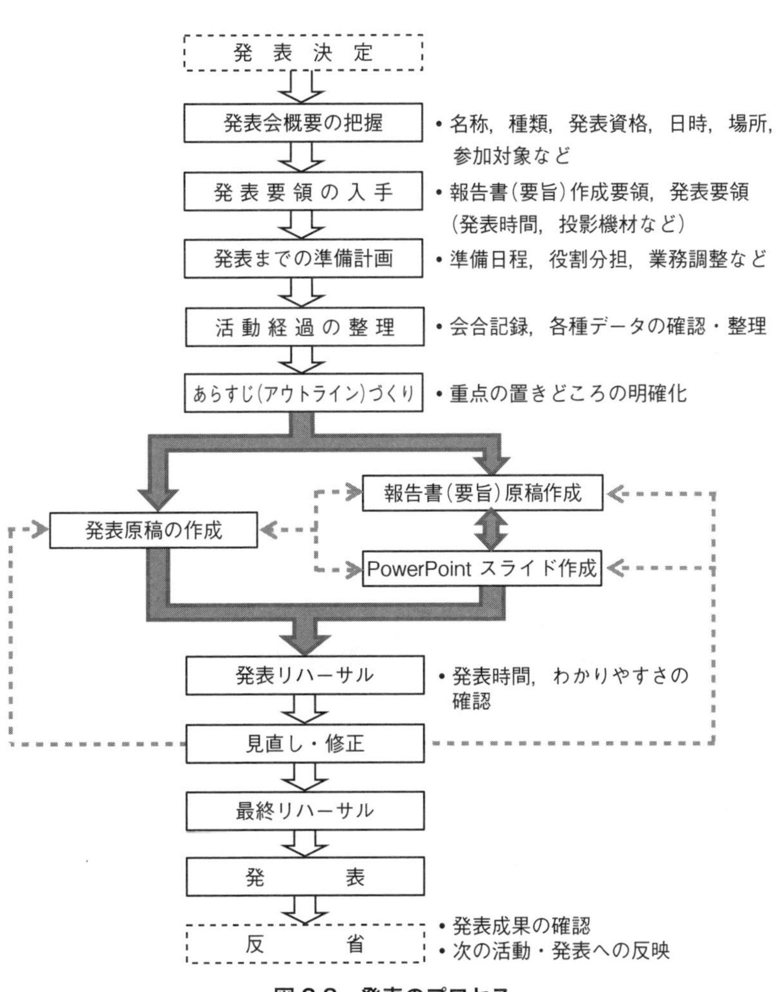
発 表 決 定
発表会概要の把握
• 名称，種類，発表資格，日時，場所，参加対象など
発 表 要 領 の 入 手
• 報告書(要旨)作成要領，発表要領(発表時間，投影機材など)
発表までの準備計画
• 準備日程，役割分担，業務調整など
活 動 経 過 の 整 理
• 会合記録，各種データの確認・整理
あらすじ(アウトライン)づくり
• 重点の置きどころの明確化
報告書(要旨)原稿作成
発表原稿の作成
PowerPoint スライド作成
発表リハーサル
• 発表時間，わかりやすさの確認
見直し・修正
最終リハーサル
発 表
反 省
• 発表成果の確認
• 次の活動・発表への反映

図 2.8 発表のプロセス

2） 発表要領の入手

特に社外での発表の場合には，主催側の要領に従う必要があり，入手した発表要領をよく確認して準備します．たとえば報告書(要旨)のフォーマットが決まっているか，記載する事項が決められているか，発表スライド枚数や発表者人数，マイクの本数などに制限があるかどうか，不明な点は問い合わせます．

3） 発表までの準備計画

発表までの準備期間で実施するスケジュールや役割分担，準備で業務から外れる際の業務調整，そして協力を依頼する関係者への依頼など，上司とも相談のうえ，準備計画を立てます．

4） あらすじ(アウトライン)づくり

魅力的なプレゼンとするためには，発表内容の組立てが大変重要となります．改善事例(テーマ解決)の場合には，QC ストーリーの手順に沿って，まず，あらすじづくり(アウトライン)から詳細を組み立てていきます．次節にて詳しく解説します．

2-5 あらすじ(アウトライン)づくりの基本

具体的な発表スライドを作成する前に，発表内容のあらすじ(アウトライン)を検討します．ここでは改善事例(テーマ解決活動)を取り上げますが，改善に用いた QC ストーリーの型そのものを発表においても適用することが基本となります．そして，QC サークル発表を魅力的なものとするために，2.2 節で述べたことを織り込みながら組み立てることが必要です．そのポイントを述べます．

1） あらすじ(アウトライン)づくり

あらすじは QC ストーリーに沿って組み立てます．最初は荒っぽく，次に枝葉を加え，おおよその時間配分をします．図 2.9 に「はじめに」のあらすじの

発表のステップ		目安時間	織り込む事項
1	はじめに	2分	会社・職場・サークル紹介，工程概要
2	テーマの選定	2分	
3	現状の把握と目標の設定	3分	
4	活動計画書の作成	1分	

⋮

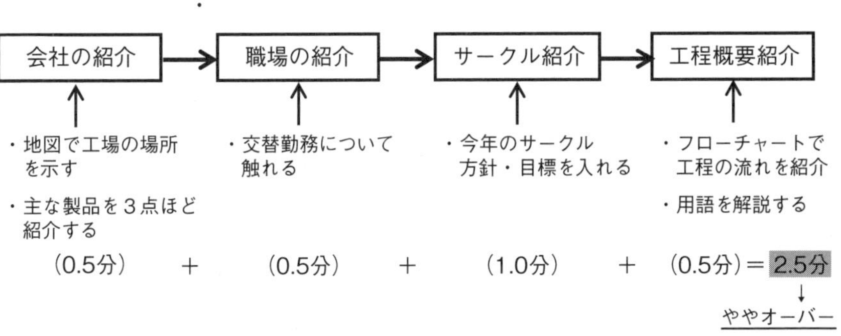

図 2.9　あらすじの組み立て例：はじめに

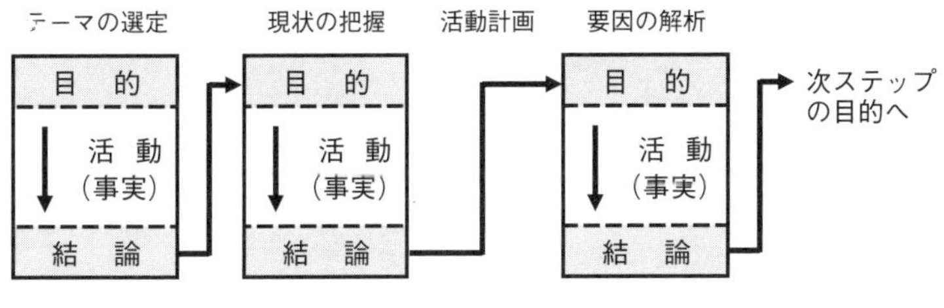

図 2.10　QC ストーリーの一貫性の概念

組み立て例を示します.

2) QC ストーリーの一貫性

活動内容を単に QC ストーリーのステップに分割して作成し，その後につなぎ合わせても，QC ストーリーとしてまとまったことにはなりません．各ステップにはそれぞれ目的があり，その目的を達成して次のステップに進むことができます(図 2.10 参照)．このつながりが明確でないとつじつまが合わなくなり，聞く人がわからない，となりかねません．そうならないためには，QC ストーリーそのものの意味と各ステップの目的をよく理解する必要があります．また，事実・データの必要性の理解も深まることになります．

3) 改善活動にどう取り組んだかを伝える…体験談としての発表

魅力的な発表とするためにぜひ織り込みたいポイントは，以下となります．

- 今回の活動に際し，特に実現したかったこと
- 特に力を注ぎ，成果があったことで，どのような理由でどう実施したか
  問題解決の進め方，データの取り方，QC 手法の使い方，技能・技術面の理解，新しい知識の修得，メンバーの育成，サークルの運営面など
- 関係者との連携でどのような協力を得たのか
- うまくいったことばかりでなく，失敗してしまい，今後の教訓としたこと

第3章

発表資料の作成

第 3 章では，サークルでの活動内容を発表するための発表資料の作成について解説します．

21 世紀に入ってからはパソコン＋プロジェクターでの発表が主であり，大多数の発表が PowerPoint を活用しています．そのため，本書においても PowerPoint をベースとして解説していきます．

3-1 スライド作成の基本

プレゼンは「見せる」目的であるスライドと,「聞かせる」目的である口頭説明の2点から成り立っています．わかりやすいプレゼンをするためには見せ方であるビジュアル化が重要となってきます.

(1) 発表までのプロセスと準備

発表するということは，発表を聞いてもらえる人に理解してもらえることが必要条件です．自分たちが言いたいことだけでなく，正しく活動内容を理解してもらわなければなりません．ですので，発表においてはわかりやすさを第一に心がける必要があり，そのためには周到な準備が必要です．発表までのプロセスは，図 2.8(p.29)のようになります．このプロセスの中での注意点を下記に示します.

1) 発表する目的，発表会の意図を正しく把握する

なぜ自分たちのサークルが発表に参加するのか，もしくは選ばれたのかを正しく把握し，期待に応える必要があります．したがって，サークルメンバー全員が発表会に発表参加する目的を共有しておく必要があります．また，発表会の位置づけとその後の展開目標なども明確にしておきます.

2) 発表する活動内容のデータ(図表化したもの)をそろえる

発表準備においては，これまでの活動内容のデータを上手に活用することにより，準備時間を大幅に削減することができます．そのためには，普段から正しく手法を活用することに心がけ，図表の作り直しなどは極力避けるようにします.

3) 発表内容の中で特にアピールしたいポイントを明確にする

活動の中でどの部分に対して重点的に解説するのかを決めておくとよいです．発表の中での山場を決めるということです．発表要領に従って発表時間に

注意し，時間内に収めながらもアピールポイントはしっかり説明でき，わかってもらえるようにしましょう．

(2) わかりやすいプレゼン

わかりやすいプレゼンは，わかりにくいプレゼンと比較すると理解しやすくなります．そこで，表3.1に比較を示します．

1) 聞く人が理解でき，何らかのメリットが得られる気分になる

わかりやすい発表とするためには，発表内容が理解でき，アピールポイントが明確である必要があります．そのためにも，社内用語や専門用語は極力ひかえるようにし，やむを得ない場合には解説を必ず加えます．

また，聞く人には何かしらのメリット（得るもの）を与えなければなりません．最大のメリットは感動です．感動すると勇気が得られ前向きになれます．

表3.1 わかりにくいプレゼンとわかりやすいプレゼン

	わかりにくいプレゼン	わかりやすいプレゼン
内容	何の話か聞き手に理解できない	話の内容が理解できる
	自分の言いたいことだけを言っている	聞き手に関心がありそうな内容を話している
	単調で強調したい点がわからない	アピールポイントが明確である
メリット	話を聞いて得した気分になれない	話を聞いて得した気分になれる
	メリット（得るもの）がない	メリット（得るもの）がある
論理性	理解できない	理解できる
	納得できない	納得できる
	論理性に欠けている	論理的である
専門性	専門用語が多用されている	専門用語が平易な言葉に置き換えられている
	必要以上に細かすぎる	概略説明によりイメージが浮かぶ
	読めないような小さな文字の羅列となっている	ビジュアル化による説明がうまく用いられている

2) 発表内容が論理的であり筋が通っている

改善事例を主体とした発表内容の構成は，QC ストーリーの手順(問題解決型，課題達成型，施策実行型，未然防止型など)となるのが一般的です．もともと QC ストーリーは報告書をまとめる手順として作られたものであり，これに従って発表すると，論理的でわかりやすくなります．ただし，QC ストーリーの手順どおりであっても，内容に抜けがあり(たとえば，要因解析の手順で真因を追究するための検証が実施されていないなど)，飛躍した内容になっているなど，形だけの QC ストーリーでは意味がありません．論理的に各手順がつながっているか確認しながら，改善を実施していくことが大切です．

3) スライド画面の構成

発表ストーリー全体の構成が決まったら，次にスライド画面の構成を考えます．伝えたい内容を正しく早く理解してもらえるようにすることが大切であり，以下のようなポイントがあります(図 3.1 参照)．

① 1 画面にたくさんの内容を盛り込まない(1 枚のスライドに主題は 1 つ)

② 画面の流れの説明を一定にする(たとえば，上から下，左から右)

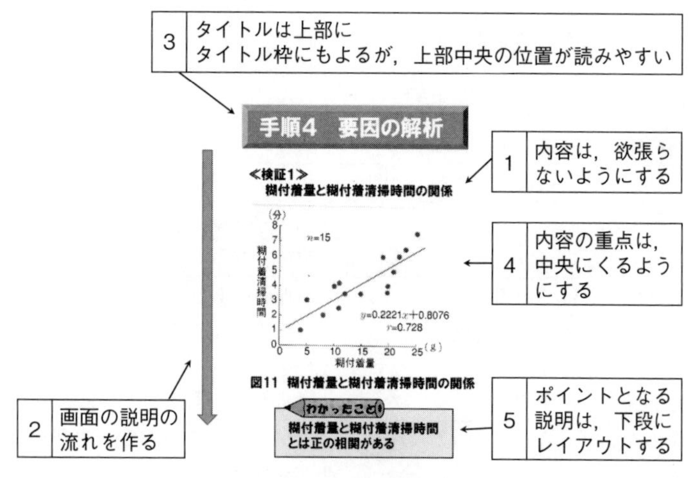

図 3.1 スライド画面の構成

③ タイトルは上部にレイアウトする．タイトル枠の形状にもよるが，スライド中央もしくは左側が読みやすい

④ 重要となる内容は画面の中央に配置する

⑤ 図などから読み取れる「わかったこと」などのポイントとなる説明は，できるだけ大きなフォントで下段にレイアウトする

4) 口頭説明・スライド・報告書(要旨)で1セット

多くの発表では，「口頭説明」，「スライド」，「報告書(要旨)」という3つの手段を用いて発表を行います．発表会参加者は，スライドと報告書(要旨)を見ながら発表者の説明を聞いています．したがって，これらの内容に違う情報が存在したり，異なる表現があると，聞く側にとってわかりにくい発表となってしまいます．そのため，これら3つの手段で1セットであると考えて，詳細部分までにも気を遣い連携しておくことが大切です．

なお，スライドと口頭説明による発表は，コンサートと同様に残ることはありませんが，報告書(要旨)は後から確認できることに注意しておきましょう．

3-2 PowerPointによるスライド作成

プレゼンスライド作成のためのソフトにはさまざまなものがあります．本書では最も広く活用されているMicrosoft PowerPointによるスライド作成方法について解説します．PowerPointは数年ごとにバージョンアップされます．本書では，Windows 10でのMicrosoft 365の画面を使用しています．

(1) PowerPointの画面構成

PowerPointの画面上部には，コマンドが機能ごとにまとめられて配置されており，タブをクリックして切り替えることができます．左側には，スライドの表示を切り替える＜サムネイルウィンドウ＞，画面中央にはメインであるス

ライドを作成・編集する＜スライドウィンドウ＞，画面下には作業中のスライド番号や表示モードの変更ボタンがある＜ステータスバー＞とスライドウィンドウの表示倍率を変更できる＜ズームスライダー＞があります(図 3.2 参照).

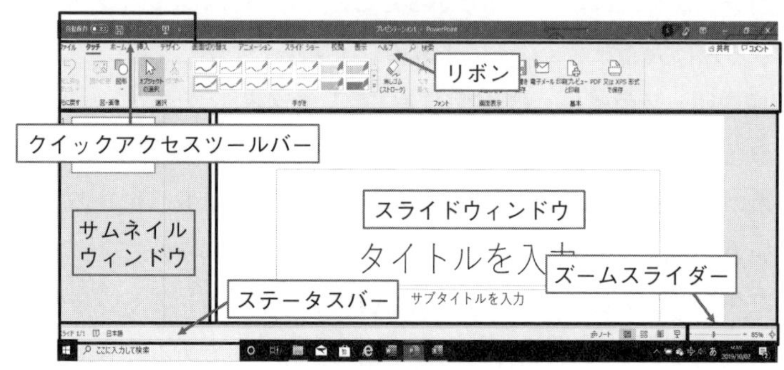

図 3.2　画面構成

(2)　PowerPoint の表示モード

PowerPoint には，5 つの表示モードがあります．初期設定の＜標準表示＞モードでは，ウィンドウの左側にスライドのサムネイルの一覧があり，右側に作成・編集対象となるスライドが大きく表示されます．

表示モードを切り替える代表的な 2 つの方法を図 3.3 に，表 3.2 に表示モードの種類と内容を示します．なお，＜閲覧表示＞，＜スライドショー＞モードを終了させたいときには，Esc (エスケープキー) を押します．

(3)　PowerPoint によるスライド作成の手順

PowerPoint を活用したスライド作成手順の基本例を以下に示します．

手順 1：PowerPoint を起動する

手順 2：作成に適したスライドのテーマを選定する

手順 3：スライドのデザインとサイズを設定する

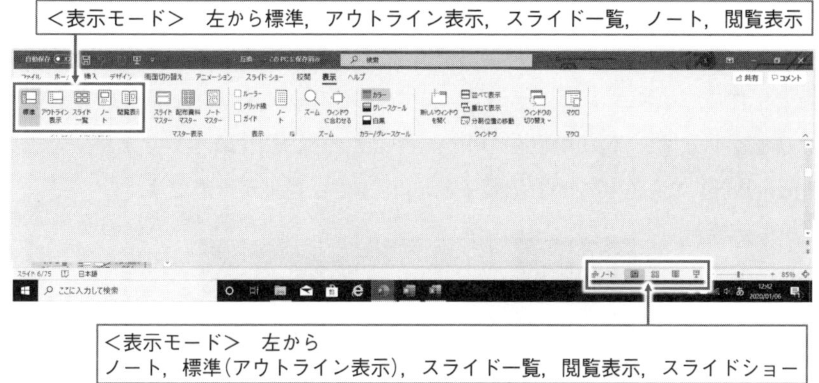

図 3.3　表示モード＜標準＞

表 3.2　表示モードの内容

種　類	内　容
標準	スライドの作成または修正・追加するときに使用します．なお，表示したいスライドはサムネイルウィンドウの対象スライドをクリックします．
アウトライン表示	左側にすべてのスライドのテキストだけが表示されます．アウトラインのテキストを入力したいとき，スライドの編集時や作成したスライドのアウトラインを見たいときに使用します．
スライド一覧	作成したスライドの一覧を表示します．プレゼンテーション全体の構成確認や，スライドの移動などができます．
ノート	スライドごとに発表原稿などを記入することができます．
スライドショー	画面にフル表示し，実際にプレゼンテーションするときに使用します．

手順 4：作成する内容をインプットする

手順 5：編集する

手順 6：スライドを追加する

手順 7：以下，手順 4 〜 6 を繰り返す

手順 8：作成したスライドを保存する

手順１：PowerPoint を起動する

PowerPoint を起動するには，スタートメニューを利用するか(図 3.4 参照)，過去に作成されたプレゼンテーションファイルのアイコンを見つけてダブルクリックします．2020 年現在の PowerPoint の拡張子は pptx ですが，過去の PowerPoint である 97-2003(拡張子は ppt)までは編集が可能です．

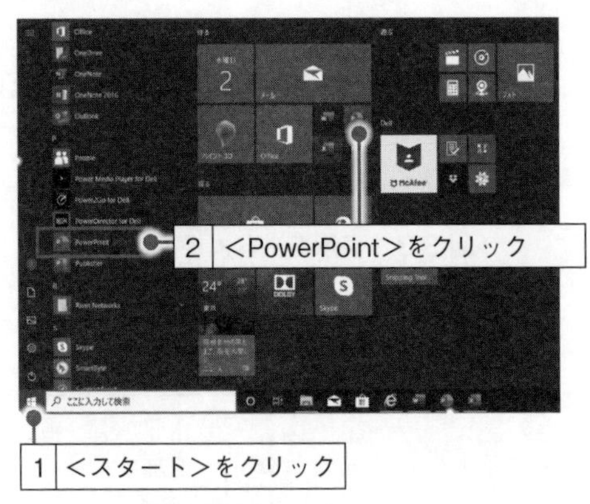

図 3.4　PowerPoint を起動する

手順２：作成に適したスライドのテーマを選定する

スタートメニューから起動すると，プレゼンテーションのテーマを選択する画面が表示されます．まずは，＜新しいプレゼンテーション＞を選択することをおすすめします(図 3.5，図 3.6 参照)．はじめて PowerPoint を作成する人に共通して言えることは，凝りすぎないようにすることです．

手順３：スライドのデザインとサイズを設定する

いよいよ PowerPoint でスライドを作成していきましょう．ここでは，スライドのデザインとサイズの選択，スライドマスターについて説明します．

① スライドのデザイン

図 3.5 に示したように，PowerPoint にはスライドのテーマが多数用意されています．お好みのテーマを使用してもかまいませんし，自分たちで背景を設

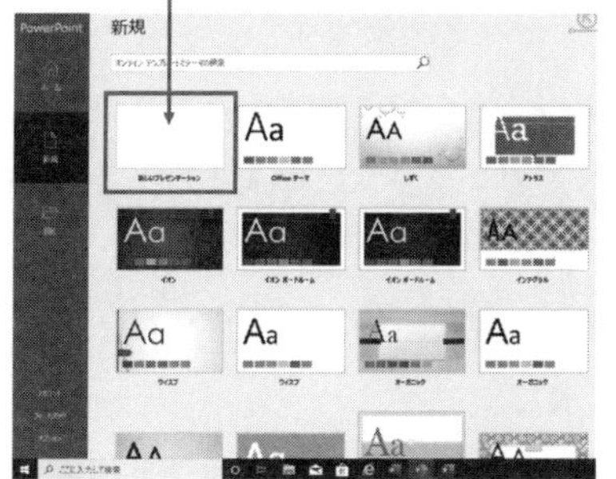

図 3.5　スライドのテーマを選択する

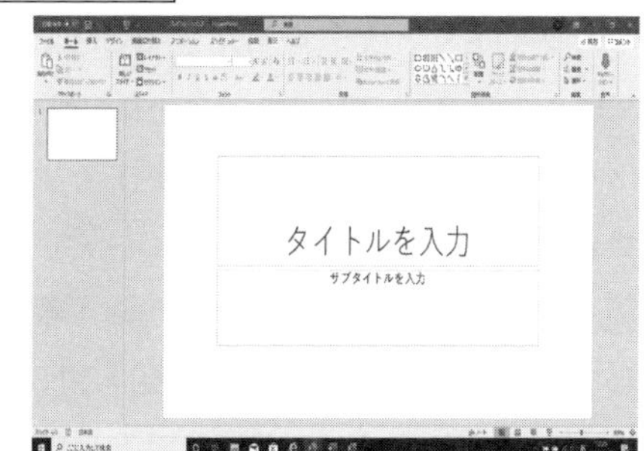

図 3.6　＜新しいプレゼンテーション＞画面

定することもできますが，慣れないうちは，白地の「新しいプレゼンテーション」を使用することをおすすめします(図 3.6 参照).

② スライドのサイズ

最近の PowerPoint でのスライドは，ワイド画面対応の 16：9 の縦横比で作成されます．しかし，QC サークル発表会などにおいては 4：3 の画面を用いるのが通常です．スライドサイズの縦横比を 4：3 に変更するには，＜デザイン＞タブの＜スライドのサイズ＞をクリックし，＜標準(4：3)＞をクリックします(図 3.7 参照).

図 3.7　スライドのサイズを標準(4：3)に変更する方法

③　スライドマスター

スライドマスターを活用することにより，すべてのスライドの書式やヘッダー・フッターの配置などを一括して変更することができます．たとえば，スライドタイトルの書式変更や会社ロゴをすべてのスライドに挿入する，などができます．

スライドマスター表示に切り替えるまでを図3.8に，挿入については，例として会社ロゴの挿入方法を図3.9，図3.10に示します．

なお，スライドマスターで挿入した会社ロゴなどは，通常のスライド作成方法では削除することができません．スライドマスター表示にして，対象画像を選択して，＜右クリック＞⇒＜切り取り＞で削除します．

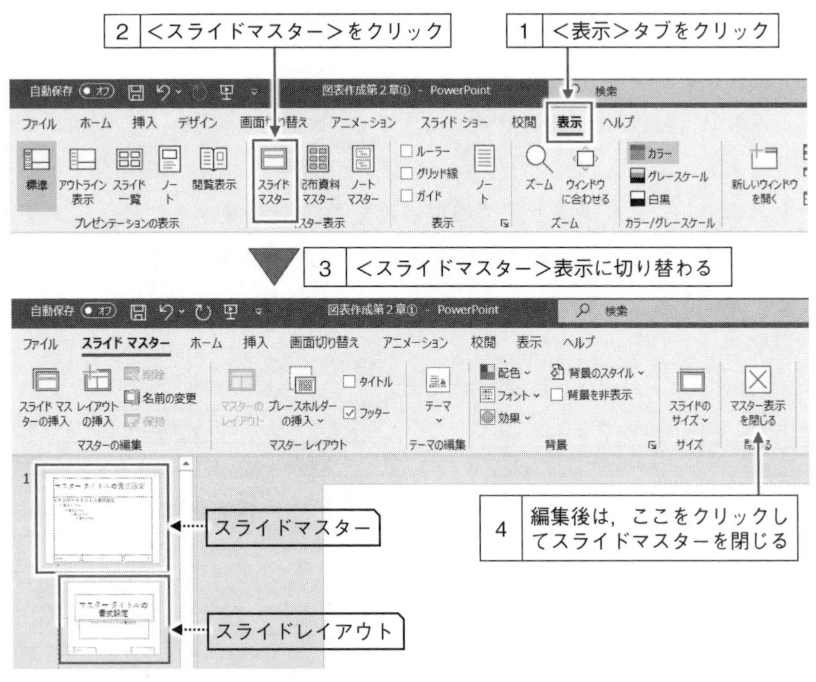

図3.8　スライドマスター表示に切り替える

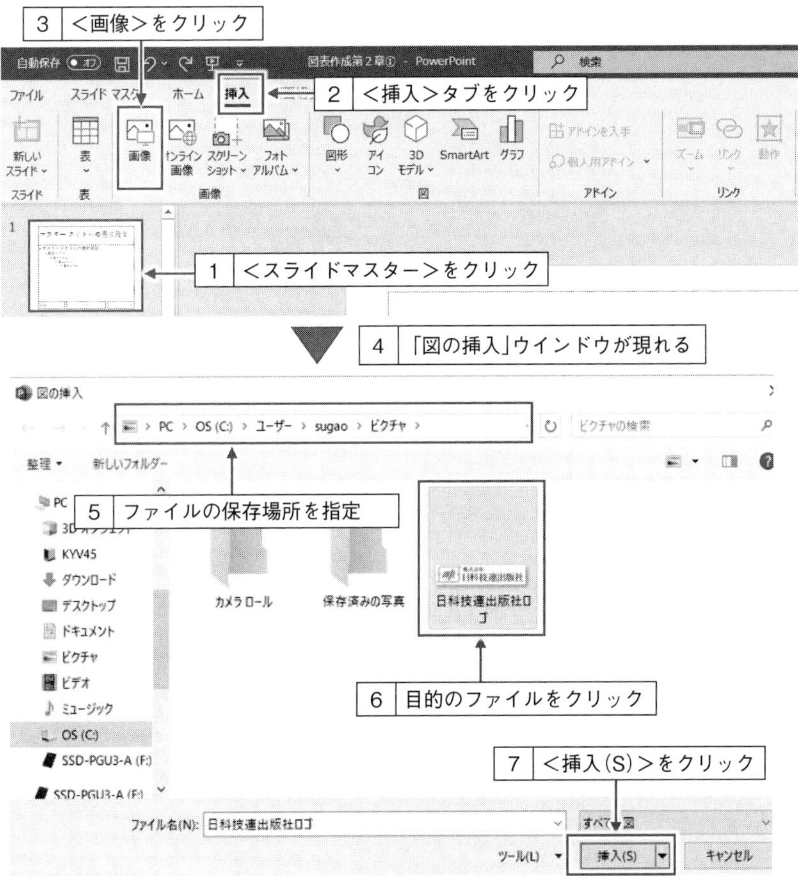

図 3.9　会社ロゴを挿入する①

手順 4：作成する内容をインプットする

選択したスライドのレイアウト枠(図 3.6 のスライドウインドウの中にある,「タイトルを入力」,「サブタイトルを入力」とある枠)を用いて，作成内容をインプットします．なお，レイアウト枠は，<ホーム>タブの<新しいスライド>や<レイアウト>から，異なるレイアウトの追加や変更ができます．レ

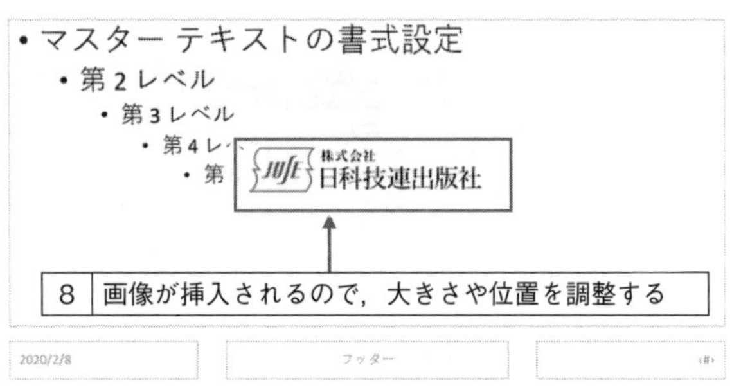

図 3.10 会社ロゴを挿入する②

イアウト枠以外の入力をする際には，＜テキストボックス＞や＜図形＞を使って任意に入力することができます．

＜テキストボックス＞を作成する代表的な 3 つの方法

① PowerPoint の＜挿入＞タブの＜テキストボックス＞をクリックします．次に，＜横書きテキストボックスの描画＞もしくは＜縦書きテキストボックス＞を選択します(図 3.11 参照)．スライド上の好きなところでクリックするとテキストボックスが作成されます(図 3.12 参照)．テキストボックスには文字列を入力することができます(図 3.13 参照)．

② PowerPoint の＜ホーム＞タブからテキストボックスの横書き，縦書きを選択する方法(図 3.14 参照)．

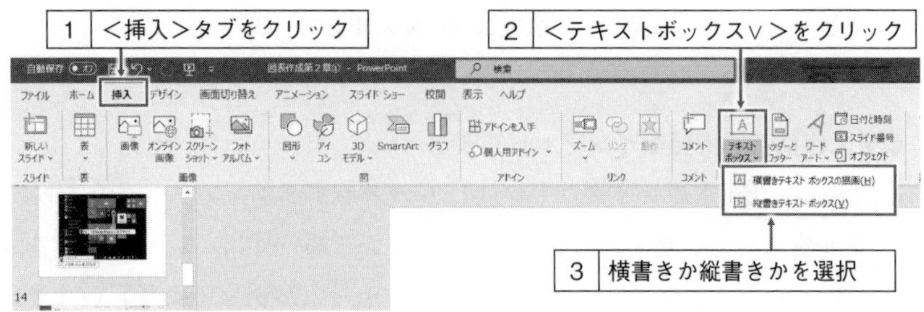

図 3.11 ＜テキストボックス＞の作成①

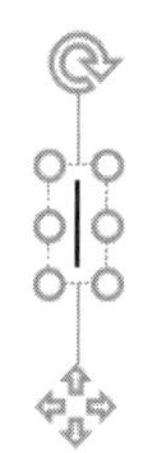

図 3.12　テキストボックス

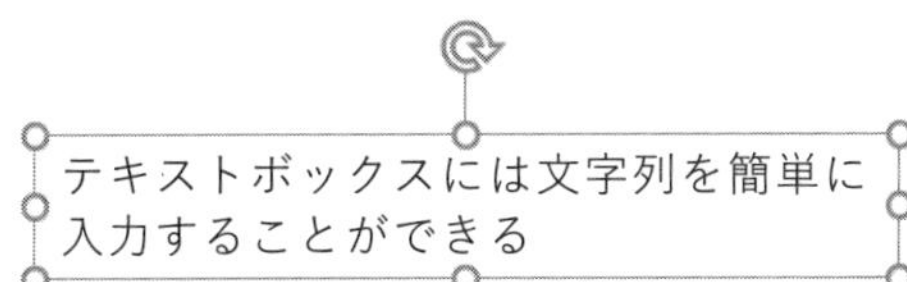

図 3.13　文字列を入力したテキストボックス

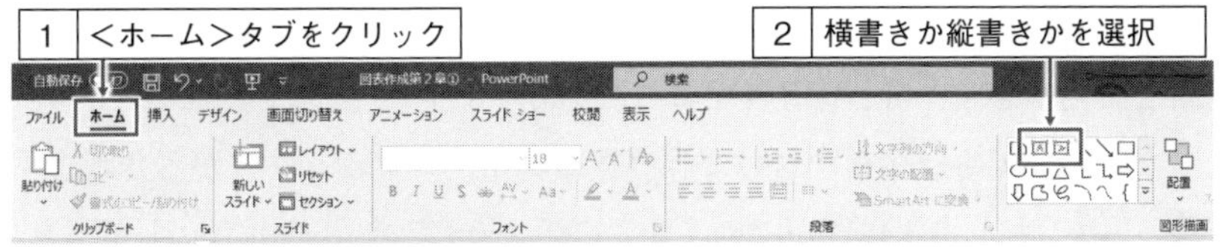

図 3.14　＜テキストボックス＞の作成②

③　PowerPoint の＜挿入＞タブの＜図形＞から，テキストボックスの横書き，縦書きを選択する方法もあります．

手順 5：編集する

作成した内容のバランスを確認し，図形の大きさ，フォントの変更，色使い，レイアウトなどを調整し，スライド全体を整えます．

手順 6：スライドを追加する

スライドを追加する代表的な 3 つの方法は，以下の 3 つです．

①　＜ホーム＞タブの＜新しいスライド＞を選択する

②　＜挿入＞タブの＜新しいスライド＞を選択する

③　目的のスライドのサムネイル（PowerPoint 画面の左側にあるすべてのスライドの縮小版）から複製するスライドをクリックし，コピーする（Ctrl + D，もしくはコピー＋貼り付けなど）

①，②の方法ではスライド 1 枚ずつしか追加できません．

③の方法では，範囲を指定してコピーすることもできます．コピーしたい最

初の画面でまずクリックし，次にコピーしたい最後の画面でシフトキーを押しながらクリックすることによりコピー元を選択して，右クリック＜コピー＞，右クリック＜貼り付けのオプション＞からお好みの貼り付け方を選びクリックします．

手順７：以下，手順４～６を繰り返す

手順８：作成したスライドを保存する

作成したスライドは，ファイルとして保存し，作成内容が失われないようにしましょう．保存する方法には，＜名前を付けて保存＞したり（図 3.15 参照），更新した内容を＜上書き保存＞する方法があります．

また，F12でも＜名前を付けて保存＞のダイアログボックスが示されます．Ctrl＋Sでも上書き保存ができます．このように，ショートカットキーをうまく使いこなせるようになると，時間の短縮になります．

(4)　リボンの基本操作

＜リボン＞には，操作を行うさまざまな＜コマンド＞がまとめられています．＜リボン＞の中の＜タブ＞をクリックすることで，＜コマンド＞の表示を切り替えます．図 3.16 に各タブのコマンドの表示例を示します．

(5)　PowerPoint スライドの構成要素

白地の「新しいプレゼンテーション」にどのようにプレゼンしたい内容を盛り込んでいけばよいのか，その主な構成要素を図 3.17 に示し，以下解説していきます．

1)　文章

基本は，「(3) PowerPoint によるスライド作成の手順」の手順 4 で紹介した＜テキストボックス＞を使用します．横書きと縦書きがありますので，使用したい方を選択してください．なお，文字のフォントやサイズについては，「(7) 作成・挿入した文字の編集と書式設定」を参照してください．

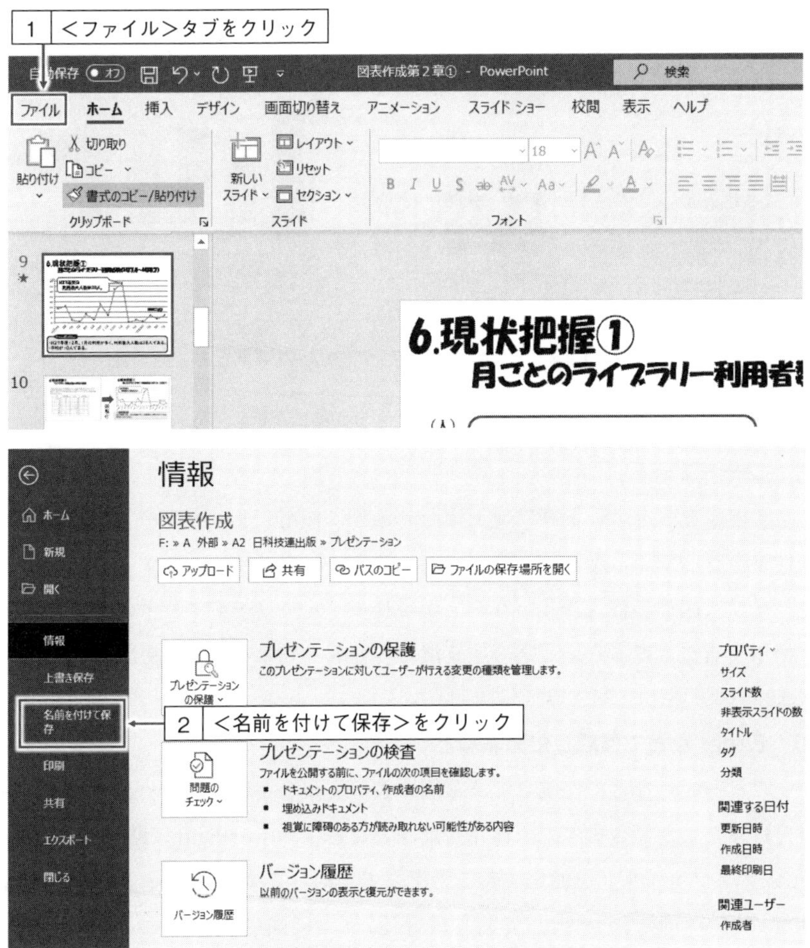

図 3.15　＜ファイル＞タブをクリックして保存する方法

＜ホーム＞タブ

図 3.16　各タブのコマンド表示例

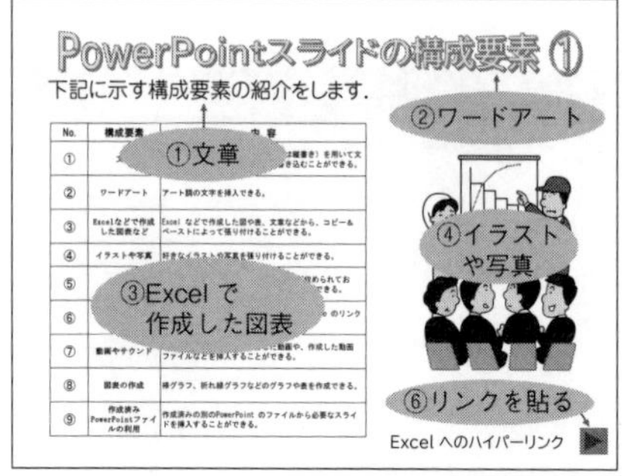

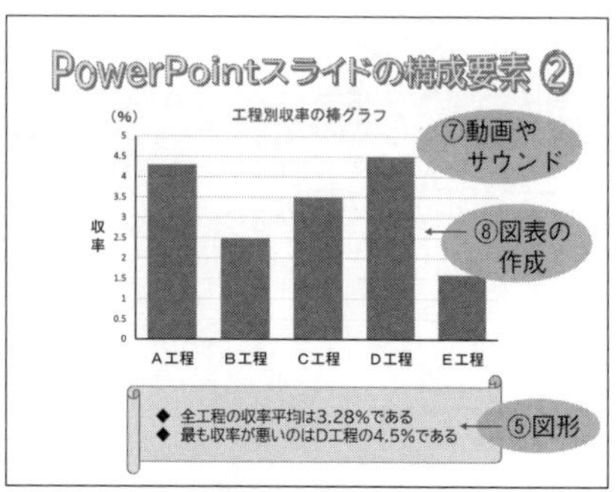

図 3.17　PowerPoint スライドの構成要素

また，図形にも文章や文字を書き込むことができます.

2)　ワードアート

タイトルなどをアート調に仕上げたいときに使用します．ワードアートの挿入作業を行っている際,「3：採用したいスタイルをクリック」すると，タイトルバーに<図形の書式>というタブが現れます．<ワードアートのスタイル>を活用することにより，文字の塗り潰し・輪郭・効果などを変更することができます(図 3.18，図 3.19 参照).

3)　Excel などで作成した図表など

すでにExcel などで作成してある図や表，文章などをコピー&ペーストで貼り付けることができます．一体化した図表などはPowerPointに貼り付ける際,「拡張メタファイル」を使用することをおすすめします(<ホーム>タブ⇒<貼り付け>⇒<形式を選択して貼り付け(S)>⇒<図(拡張メタファイル)>)．この方法で貼り付けを実施すると，大きさを変えても文字の大きさなども一緒に変わってくれるからです.

4)　イラストや写真

イラストや写真を挿入するには，<挿入>タブの<画像>から該当するファイルを選択してコピー&ペーストする(図3.20参照)か，挿入したいイラストや写真から直接コピー&ペーストします.

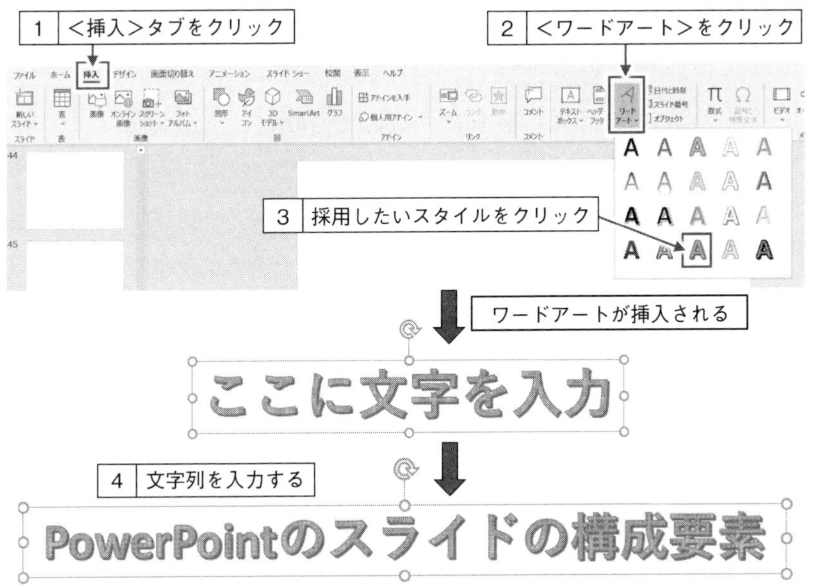

図 3.18　ワードアートの挿入

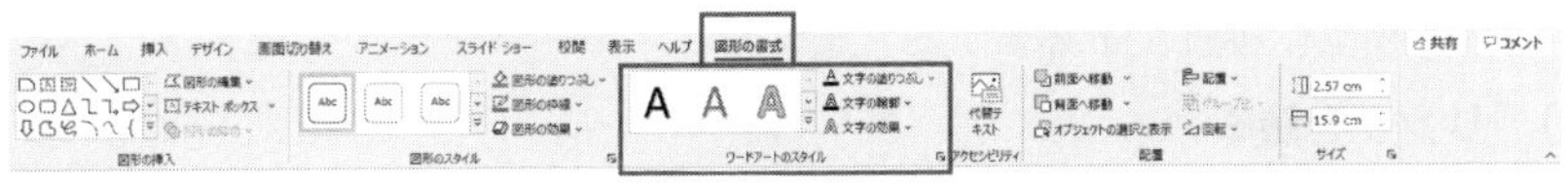

図 3.19　ワードアートのスタイル

図 3.20　イラストや写真の＜画像＞からの挿入

5） 図形

PowerPoint にはさまざまな図形・アイコン・3D スタイル・SmartArt が用意されています．必要に応じて上手に活用すると魅力的なプレゼン資料になり

図 3.21　<図>からの挿入

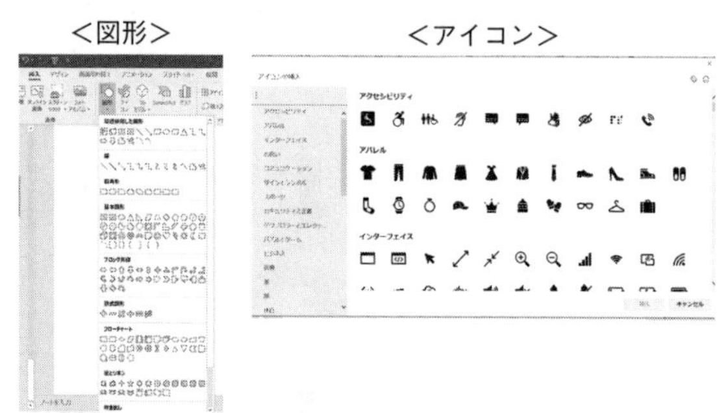

図 3.22　<図形>, <アイコン>の紹介(一部)

ます(図 3.21 参照). 図 3.22 に<図>の内容の一部を示します. とにかくたくさんあるので, 一度は覗いてみてください. なお, アイコンを挿入するにはインターネットに接続する必要があります.

6) リンクを貼る

リンクを貼るのは主に次の 2 つの場面です.

① Excel とリンクした表や図を貼り付ける

② ハイパーリンクを挿入する

それぞれのメリットがありますので, 作業方法を示しておきます.

① Excel とリンクした表や図を貼り付ける

Excel で作成した表や図をリンク先として貼り付けることができます(図 3.23 参照). このリンクにより, 元の Excel の表や図を編集したときに, PowerPoint のスライドの表や図も更新されます. パソコン上で同時に立ち上がっているときは, リンク元のファイルを編集すると, 貼り付け先のファイルもデータが更新されます.

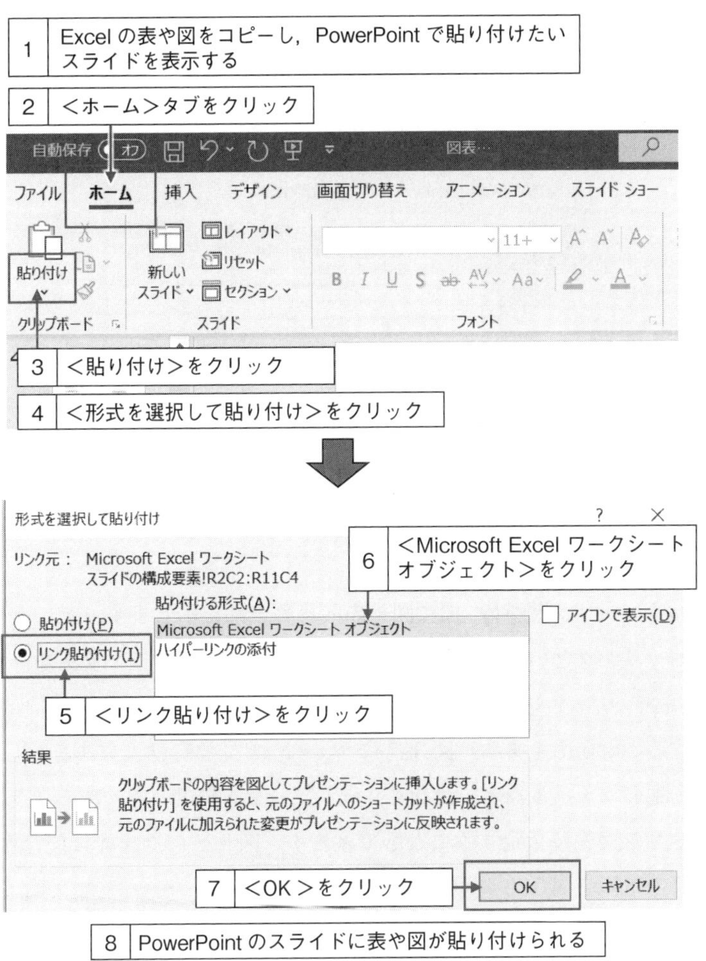

図 3.23　Excelとリンクした表や図を貼り付ける

リンク元のファイルと貼り付け先のファイルが同時に立ち上がっていないときには，リンク元のファイルを編集すると，貼り付け先のファイルを開くときに，図3.24のメッセージが表示されますので，<リンクを更新(U)>をクリックすると，データが更新されます．なお，リンク貼り付けを実施していると，

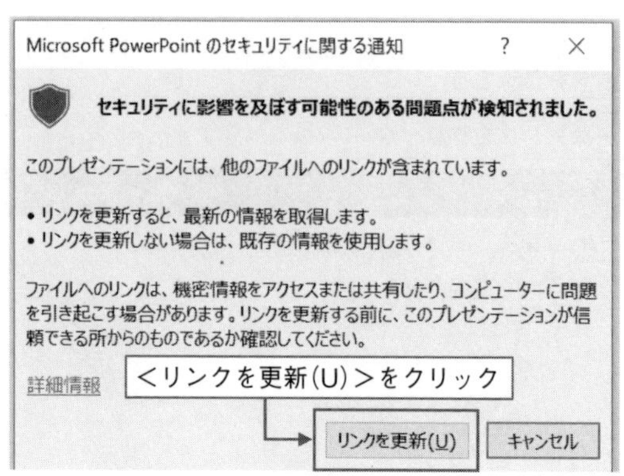

図 3.24　リンク更新を確認するメッセージ画面

リンク元のファイルが更新されていなくても，貼り付け先のファイルを開くと図 3.24 のメッセージが出てきます．

② ハイパーリンクを挿入する

ハイパーリンクという機能を活用すると，文字列やオブジェクトをクリックするだけで，リンク先のスライド，PDF ファイルやインターネット上の Web を表示することができます．図 3.25 にハイパーリンクの挿入方法を示します．

なお，他のファイルなどではなく，同じプレゼン資料の中の他のスライドをハイパーリンク先に指定することもできます．図 3.25 の 3 までは同じ手順で，それ以降の手順を図 3.26 に示します．

7)　動画やサウンド

生産装置の動きや作業の状況などを紹介する際には動画は非常に便利で，かつわかりやすくなるため有効です．PowerPoint のスライドにはデジタルビデオカメラで撮影した動画などを挿入することができます．ここでは，パソコン内の動画を挿入する方法を紹介します(図 3.27 参照)．

まず，ビデオを挿入したいスライドを表示しておきます．ビデオファイルを保存してあるフォルダから挿入したいビデオをコピー&ペーストにより PC の

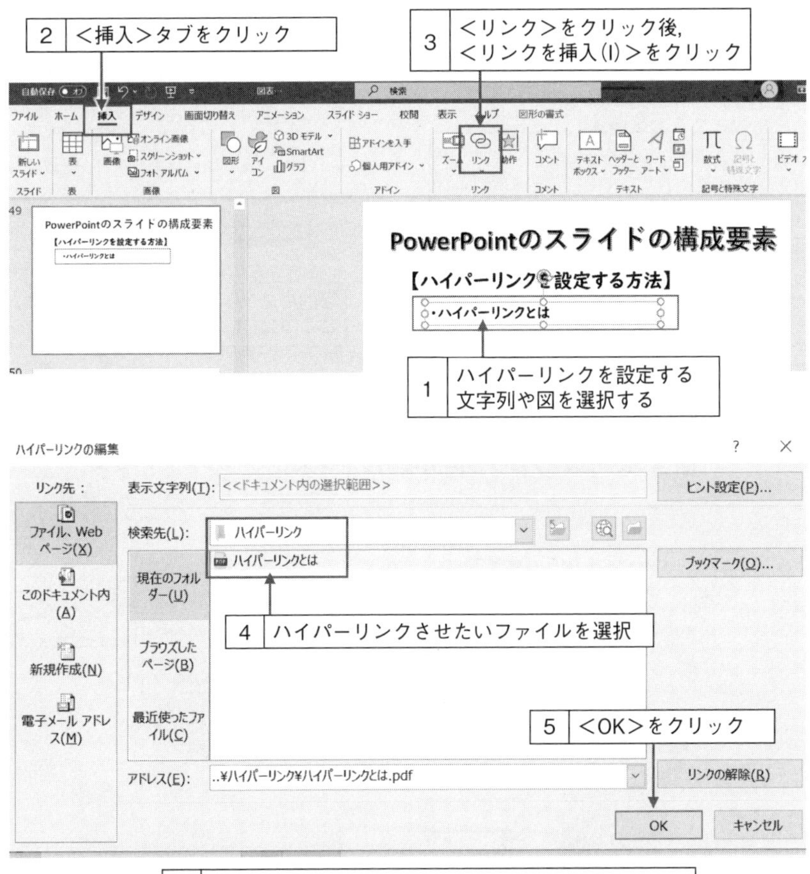

図 3.25　ハイパーリンクの挿入方法

ビデオフォルダにコピーします．次に，＜挿入＞タブから＜ビデオ＞をクリックして＜このコンピュータ上のビデオ(P)＞をクリックします(図 3.27 参照)．ビデオの挿入画面が出るので，挿入したいビデオファイルをクリックし，＜挿

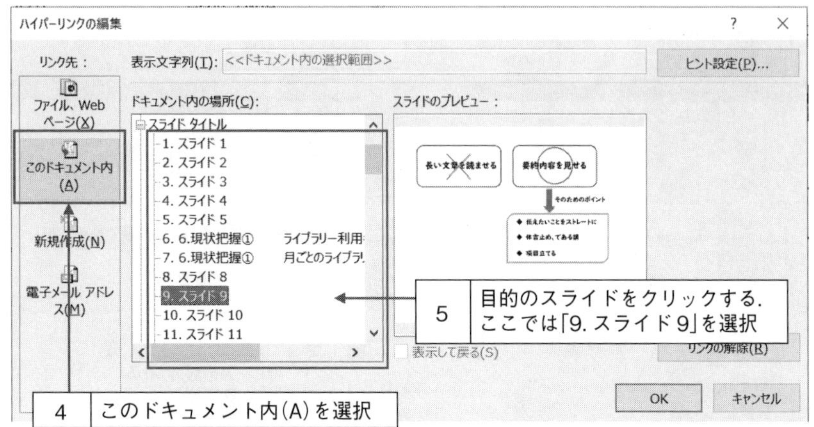

図 3.26　同じプレゼン内の他のスライドにリンクする方法

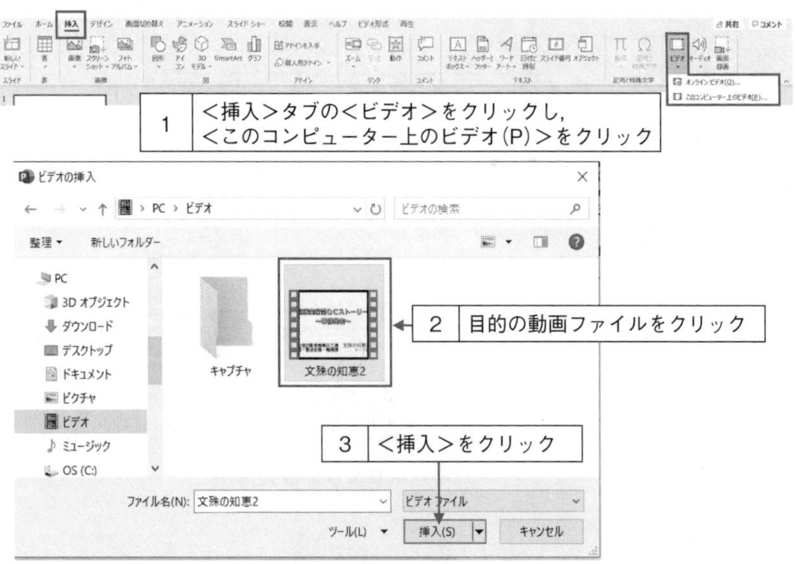

図 3.27　動画を挿入する

入＞をクリックすると動画が挿入されます.

8) 図表の作成

Excelで表やグラフを作成する人は多いと思いますが，PowerPointでも表やグラフを作成することができます.

① 表の作成

3)において，Excelなどで作成した図表の貼り付け方法を紹介しました．図3.28，図3.29で，PowerPoint上で表を作成する方法を紹介します.

② グラフの作成

近年PowerPointで作成できるグラフの種類は，かなり増えました．一般的な棒グラフや折れ線グラフなどの他に，箱ひげ図などもあります(図3.30参照)．ただし，パレート図(ヒストグラムの中に入っている)は，品質管理で教育している作り方とは違っていますので注意が必要です．また，軸ラベル(軸の名称)を記入しない人が多いので注意しましょう．軸の名称と単位は必須と思ってください.

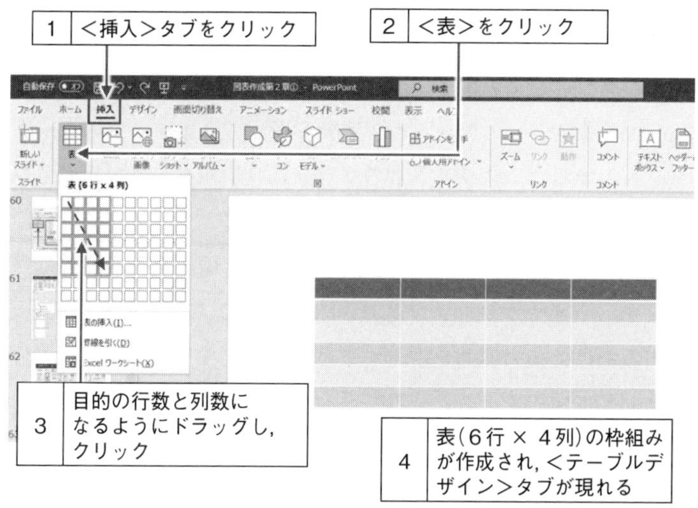

図3.28　表をスライド上に挿入する

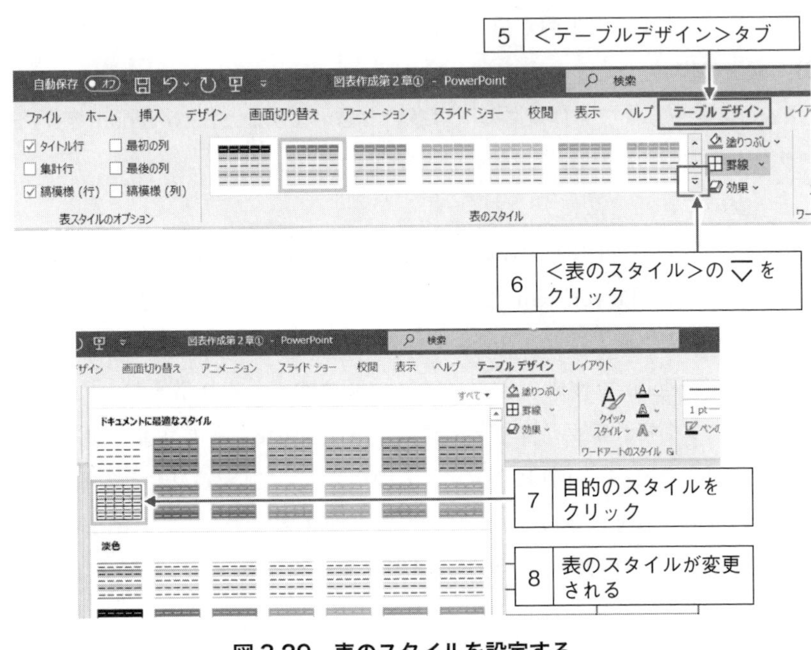

図 3.29　表のスタイルを設定する

スライドにグラフを挿入するには，まず作成したいグラフの種類を選択します．Excel と同様なワークシートとグラフが表示されます．このワークシートにデータを入力すると，スライド上のグラフにリアルタイムで反映されます．

ここまでの作業方法を図 3.31，図 3.32 に示します．

Excel と同様のワークシートにデータを入力すれば，データ内容はグラフに反映されます．系列やカテゴリを追加したい場合には，E1 セルや A6 セルに文字を入力するだけで入力範囲を増やすことができます．以下のグラフ作成手順は Excel と同じですので，ここでは割愛します．

9)　作成済み PowerPoint のコピー(複製)

PowerPoint のスライドは簡単にコピーすることができます．作成中の PowerPoint からでも既存の PowerPoint からでもコピーすることができます．

図 3.30　PowerPoint で直接作成できるグラフ

代表的なコピー方法として，作成中の PowerPoint のスライドをコピーする手順を図 3.33 に示します．

図 3.33 では，リボンを使わずにスライドを複製する方法を示しましたが，もちろんリボンで作業することもできます．リボンを用いてスライドをコピー・複製する手順を図 3.34 に示します．

なお，ショートカットキーでもスライドは簡単に複製できます（Ctrl + Shift + D）．

また，別の保存ファイルのスライドを挿入したいときもあります．このようなときには，図 3.35 に示す方法が有効です．右側に現れるダイアログボックスにコピーしたいファイルのスライドを見ることができるので，必要なスライドを選んでクリックするだけで挿入できます．

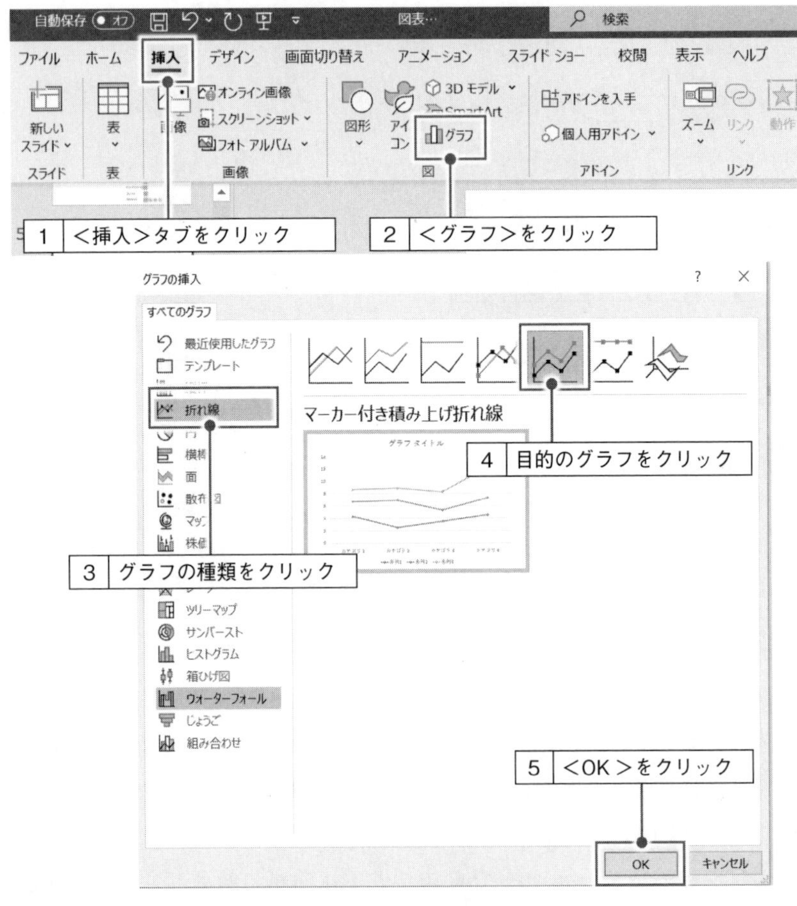

図 3.31　グラフの挿入①

(6)　QC 手法の取り扱い

これまでにもいろいろなところで触れてきたように，プレゼン資料においては，文章はなるべく読ませずに，見せる工夫が必要です．

2019 年 9 月に，8 年ぶりに日本で国際 QC サークル大会が開かれ，筆者は

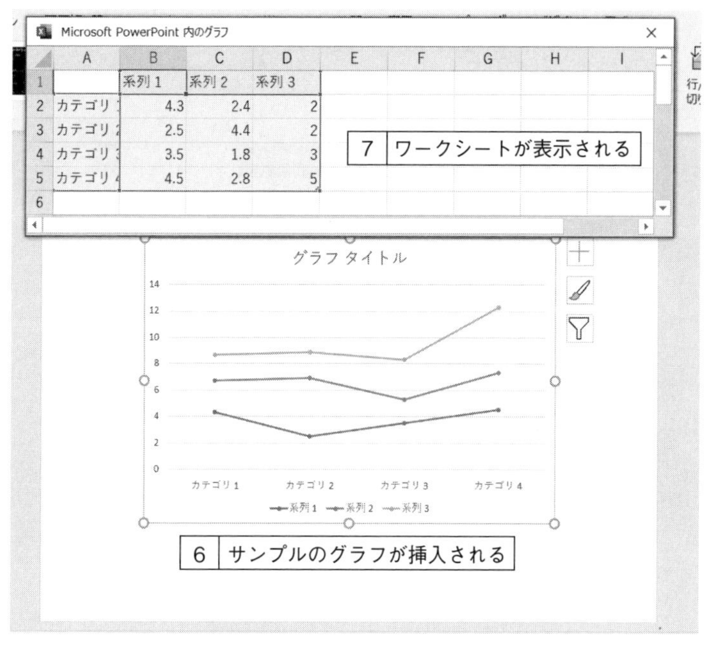

	A	B	C	D
1		系列 1	系列 2	系列 3
2	カテゴリ 1	4.3	2.4	2
3	カテゴリ 2	2.5	4.4	2
4	カテゴリ 3	3.5	1.8	3
5	カテゴリ 4	4.5	2.8	5

図 3.32　グラフの挿入②

審査のために事前に英語で記載されている各要旨を読み込みました．その際，データを分析した結果を示す手法の少なさにおどろきました．中には，10ページの要旨の中に1つもグラフがないサークルもありました．もちろん，発表においては手法を見せながら発表しています．

グラフ，パレート図，ヒストグラムや散布図などの手法は，たとえ言葉が通じなくても図解化されているため，強調したいポイントは見るだけで理解できます．このように，プレゼンの中で手法をうまく活用することは非常に大切なことなのです．

手法の代表といえばQC七つ道具です．「QC七つ道具を自由自在に使いこなすことができれば，問題の95%は改善できる」とQCサークルの産みの親である石川馨先生は仰っています．現代では，このQC七つ道具と新QC七つ道具

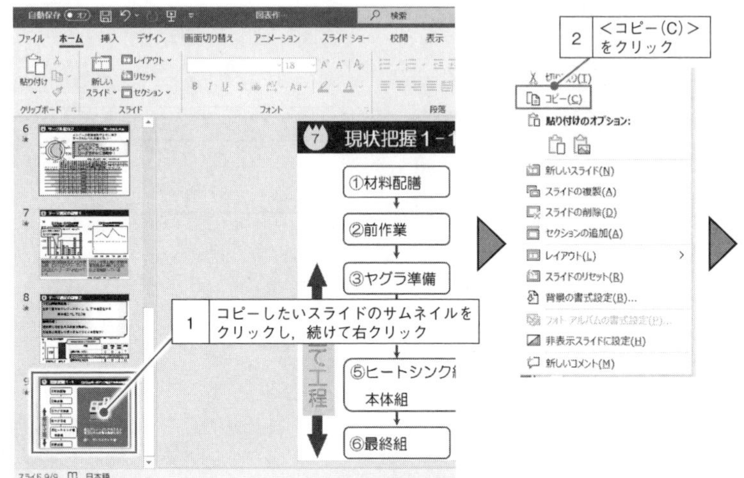

図 3.33　スライドを

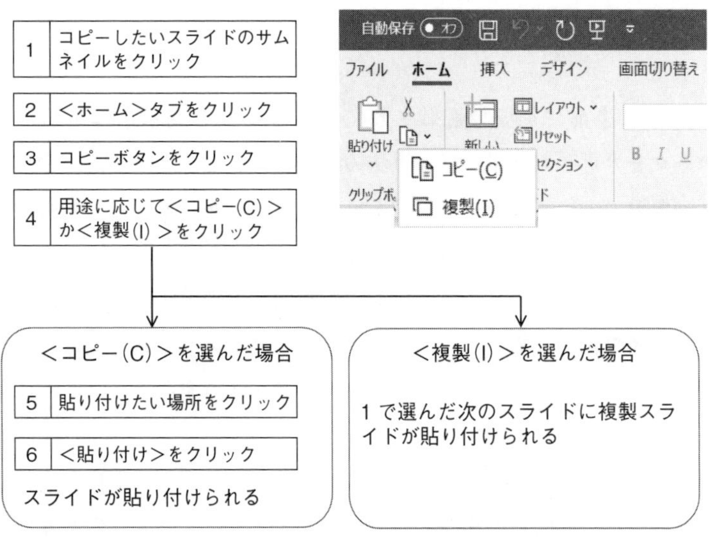

図 3.34　リボンを用いてスライドをコピー・複製する手順

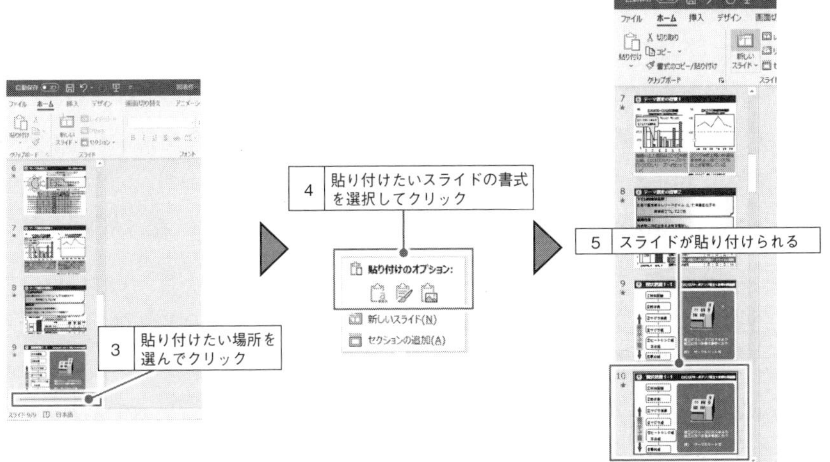

複製(コピー)する手順

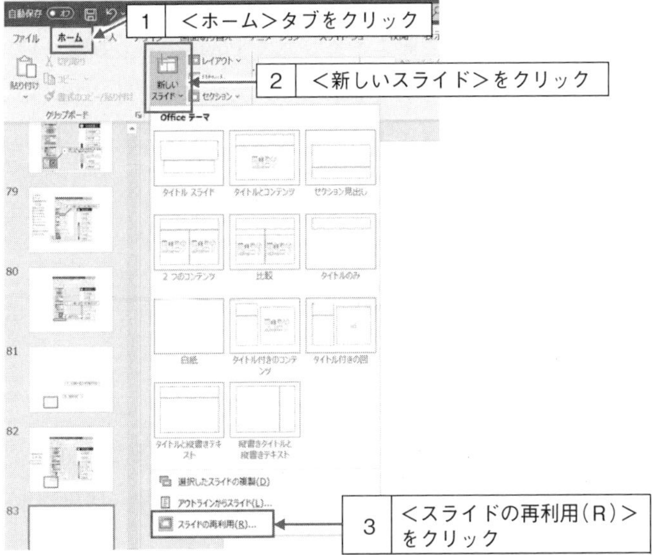

図 3.35 別の保存ファイルからのスライド挿入方法

の系統図法とマトリックス図法は必須といってもよいでしょう．

pp.55 ～ 59 において，PowerPoint におけるグラフの作成方法を示しました．とはいえ，多くの方は Excel などを用いてグラフ化しているのではないかと思います．時間的な推移の状況を示す折れ線グラフ，大きさを比較する棒グラフや内訳を示す円グラフなどは容易に作成できると思います．

ところが，手法によっては Excel ではうまく作成できないものがあります．その代表がパレート図です．Excel の機能を正しく知って活用していけば，正しいパレート図を作成することもできますが，意外と大変です．そこでおすすめなのが，手法を簡単に作成できるソフトを活用することです．これらを使えば PowerPoint への貼り付けも簡単にできます．ここでは，2 つのソフトを紹介します．

◆『超簡単！ Excel で QC 七つ道具・新 QC 七つ道具作図システム　Excel 2013/2016/2019 対応』，日科技連出版社

◆「JUSE-StatWorks/V5」シリーズ，日本科学技術研修所

もちろん，手書きした手法をスキャンして PowerPoint に貼り付けるのも OK です．手法の使い方や作り方を正しく学ぶためには，手で描くことが一番です．自分の手で作図していくプロセスの中でいろいろなことに気づくことができます．

(7)　作成・挿入した文字の編集と書式設定

ここでは，これまでに作成・挿入してきた文字の編集のしかたについて解説します．

1)　フォントの種類とサイズの変更

まず，一般的によく使われているフォントを示しておきましょう．フォントの大きさは同じポイントとし，英数字は半角にしています．印象がまったく異なることがわかると思います(図 3.36 参照)．

ゴシック体や明朝体は有名ですが，「P」が付くか付かないかの比較もでき

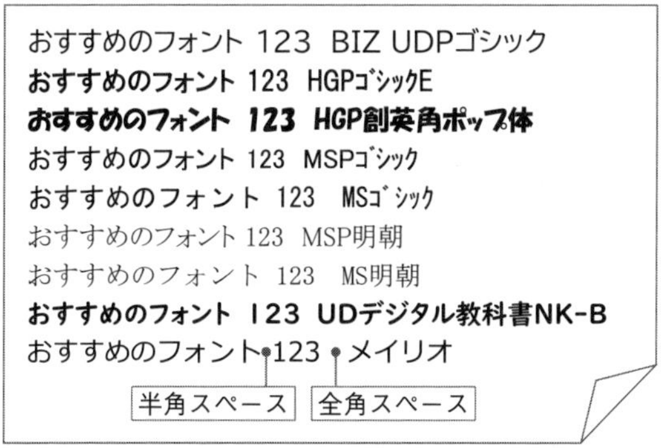

おすすめのフォント 123 BIZ UDPゴシック
おすすめのフォント 123 HGPゴシックE
おすすめのフォント 123 HGP創英角ポップ体
おすすめのフォント 123 MSPゴシック
おすすめのフォント 123 MSゴシック
おすすめのフォント 123 MSP明朝
おすすめのフォント 123 MS明朝
おすすめのフォント 123 UDデジタル教科書NK-B
おすすめのフォント 123　メイリオ
半角スペース　全角スペース

図 3.36　プレゼンでよく使用されているフォント

るようにしておきました．逆に，「HGP 創英角ポップ体って何？」という人もいるかもしれません．フォントは使用しているパソコンによって異なりますので，発表資料を作成するパソコンと発表時に使用するパソコンで確認しておくことが必須です．

スライドに挿入した文字列は，フォントの種類(図 3.37 参照)や大きさ(図 3.38 参照)を変更することにより，見やすくすることができます．文字列の書式は，テキストボックス全体の文字列に対しても設定できますし，テキストボックス内の特定の文字列に対しても設定することができます．

フォントのポイントを大きくしたことにより，あまり相応しくない部分で改行されてしまうことがありますので，見栄えを考慮して改行や余白を設けるなどの修正を施しましょう．

なお，小さい文字では読めませんし，読む気にもなりません．そこで，プレゼン資料においては 20 ポイント以上のフォントとすることをおすすめします．

2)　フォントの色の変更

フォントの色を変更することができます．図 3.39 では，あらかじめ PowerPoint に用意されている既存の色に変更する方法を示しています．その他の色に変更するには，図 3.39 の 3 実施後に出てくる＜テーマの色＞の＜そ

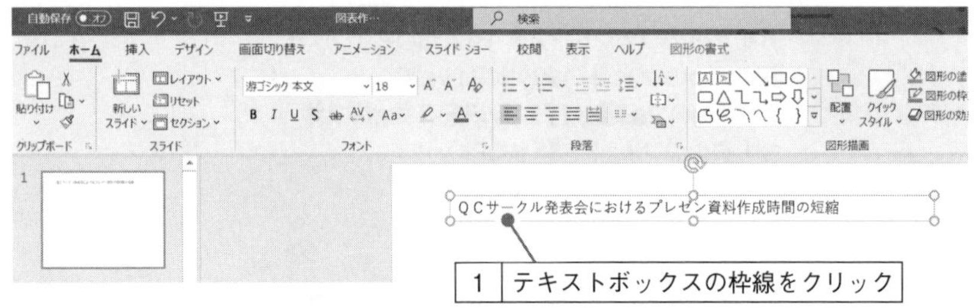

1のようにテキストボックスの枠線をクリックして選択すると、テキストボックス全体の文字列の書式を変更することができる.
文字列をドラッグして選択すると、選択した文字列のみの書式を変更することができる.

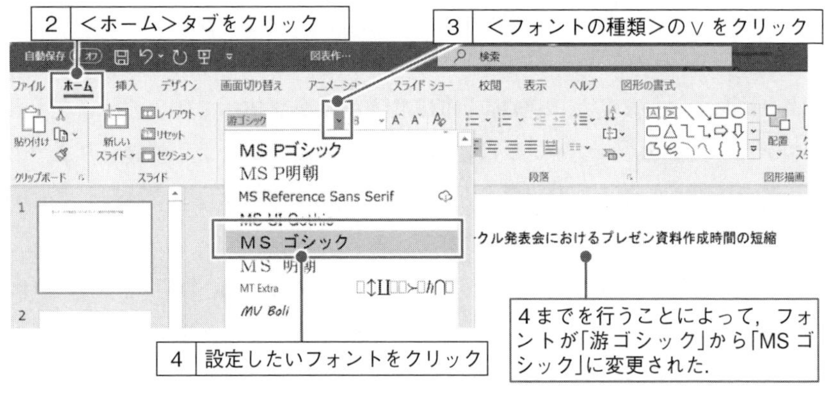

図 3.37　フォントを変更する

の他の色(M)>をクリックします．<色の設定>画面では，「標準」と「ユーザー設定」があるので，自分の好みの色を探してください(図 3.40 参照).

3)　フォントのスタイルの変更

スライドに入力した文字列は，色の変更だけでなく，太字・斜体・下線・影・取り消し線などのスタイルに変更することができます(図 3.41 参照).

太めのフォントを用いたうえで太字や文字の影を併用してしまうと，字がつぶれてしまい，読みにくくなってしまうこともありますので注意が必要です．また，漢字やひらがなでの斜体もあまりおすすめはできません.

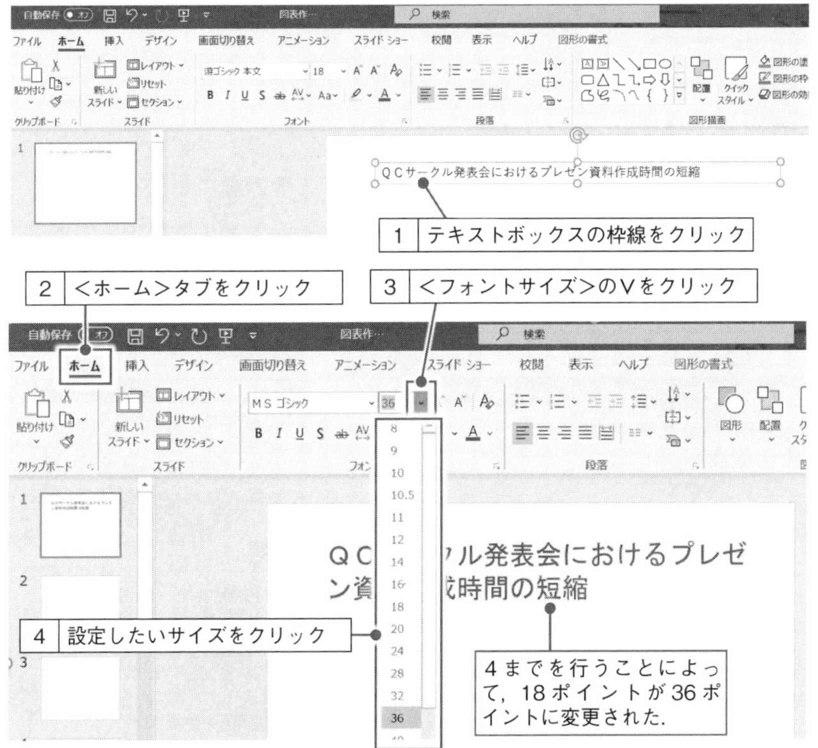

図 3.38　フォントの大きさを変更する

ワンポイント　◆表題などのフォントの統一化

スライド上には，表題，サブタイトル，見出しなどを設けることにより伝えたい内容を的確に示すことが必要です．その際に，表題やサブタイトルのフォントの種類や色が統一されているとわかりやすくなりますし，見ている人にも安心感を与えます．

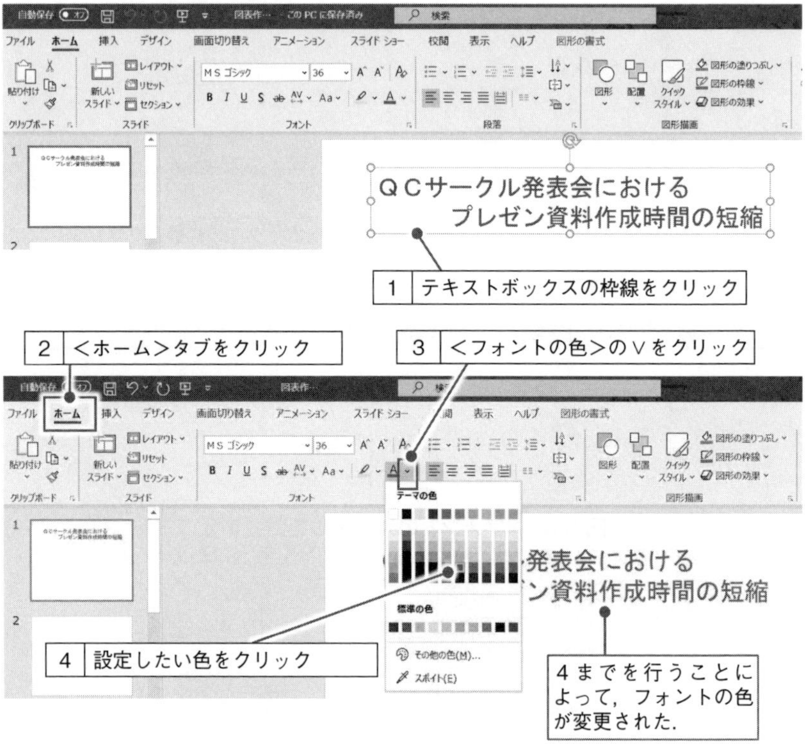

1　テキストボックスの枠線をクリック

2　＜ホーム＞タブをクリック

3　＜フォントの色＞の∨をクリック

4　設定したい色をクリック

4までを行うことによって，フォントの色が変更された．

図 3.39　フォントの色を変更する

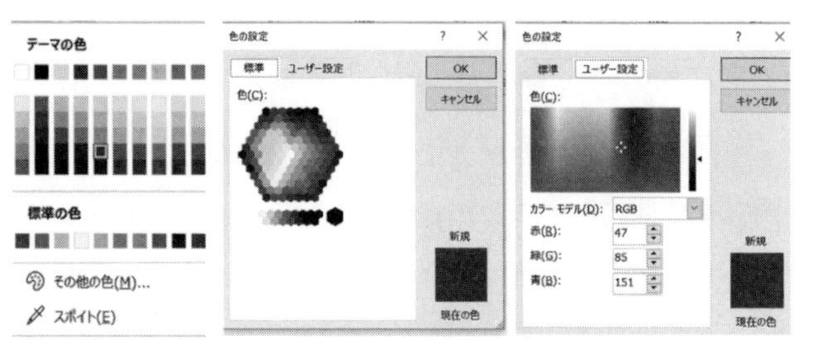

図 3.40　その他の色に変更する

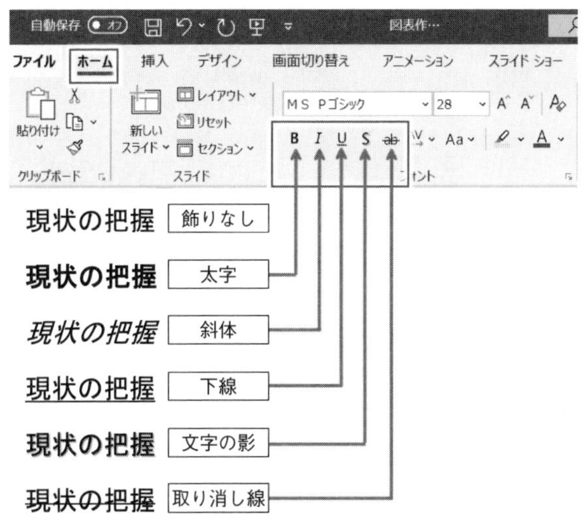

図 3.41 フォントのスタイルを変更する

(8) 図形の挿入と編集

PowerPoint では，線・四角形・基本図形・ブロック矢印・数式図形・フローチャート・星とリボン・吹き出し・動作設定ボタンなどの複雑な図形も，簡単に作成することができます(図 3.42 参照)．また，これらを組み合わせることによって，複雑な図形を描くこともできます．

1) 図形を挿入する

図 3.42 に示した多くの図形の中から好きな図形を挿入することができます(図 3.43，図 3.44 参照)．また，直線や曲線を描くこともできますので，自分で図形や絵を描くことも可能です(図 3.45 参照)．

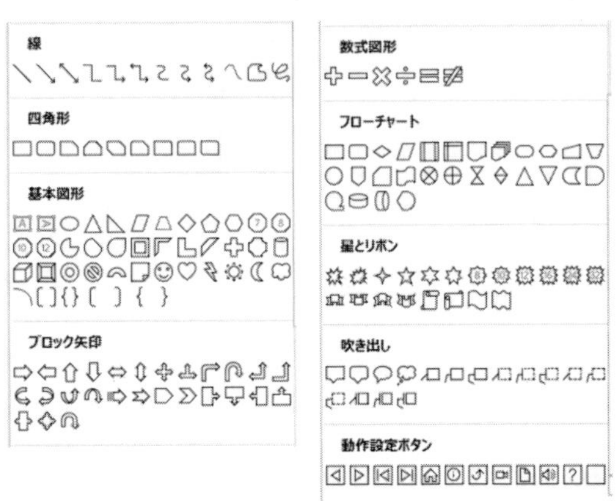

図 3.42　図形の種類

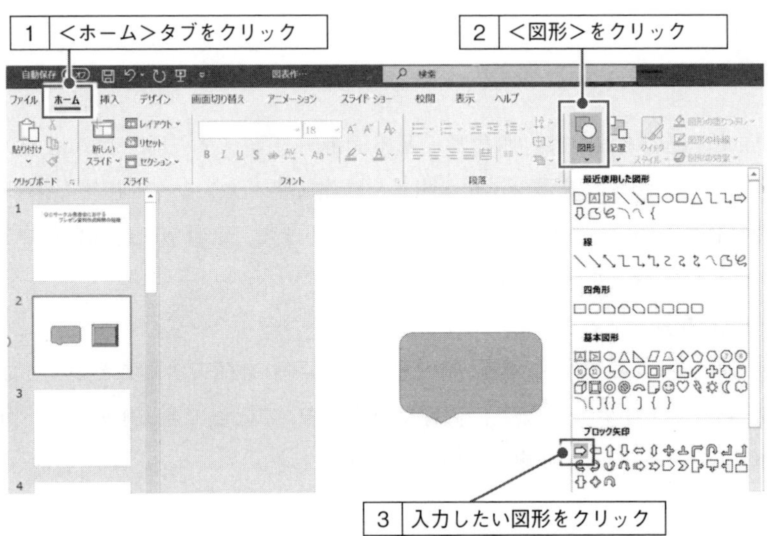

図 3.43　スライドに図を挿入する①

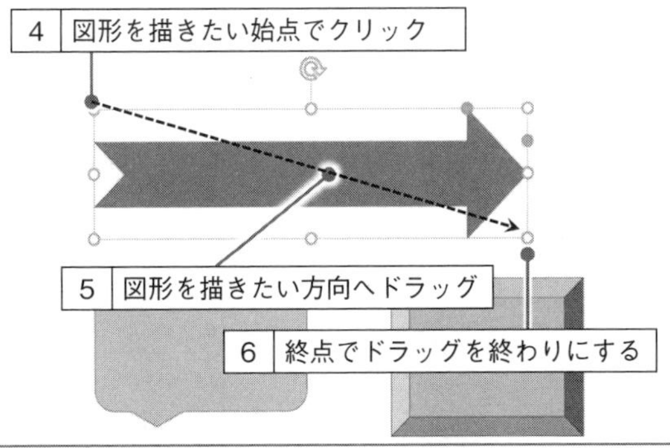

図 3.44　スライドに図を挿入する②

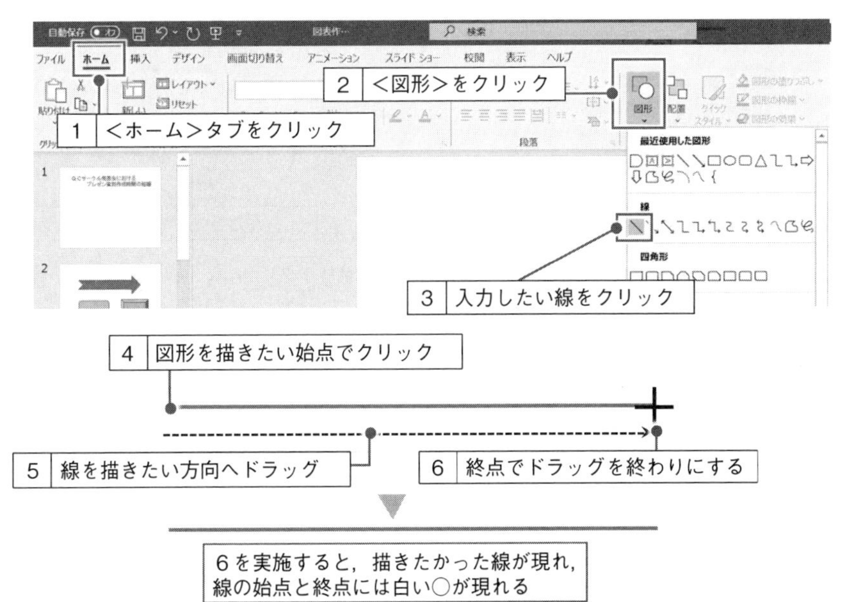

図 3.45　スライドに直線を描く

ワンポイント　◆線を簡単に水平・垂直に引く

線を水平・垂直に引こうとしても，微妙に角度がついてしまうことがあります．もちろん修正できるのですが，一発で水平・垂直に直線を引くことができます．Shift を押しながらドラッグするだけで OK です．

図3.45で示した直線や図3.46で示した曲線だけでなく，自由に描けるフリーフォーム（図形とフリーハンド）などもあります．

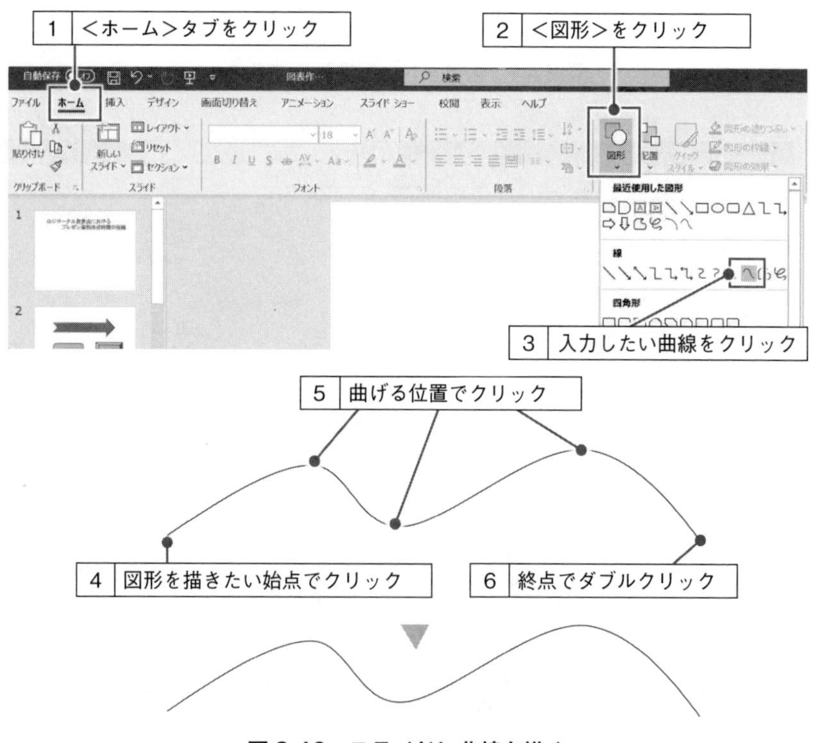

図 3.46　スライドに曲線を描く

2) 図形の大きさや形状を変える

挿入した図形を選択すると周囲に細い線，白い○，黄色い○などのハンドルと呼ばれるものが現れます．このハンドルを使用することによって図形の大きさや形状を変えることができます(図 3.47 参照)．

① ある方向に大きさを変更する ⇒ 辺の真ん中の白い○をドラッグ

② 図形全体の大きさを変更する ⇒ 角の白い○をドラッグ

③ 図形の一部の形状を変更する ⇒ 黄色い○をドラッグ

黄色い○を動かすと変化しますので，いろいろと試してみると面白いです．面白い変形の一例を図 3.48 に示します．

3) 図形を回転・反転させる

図形をクリックするとハンドルの一部として，中央上部に丸い矢印が現れるものがあります．マウスポインターを丸い矢印のハンドルに合わせてドラッグ

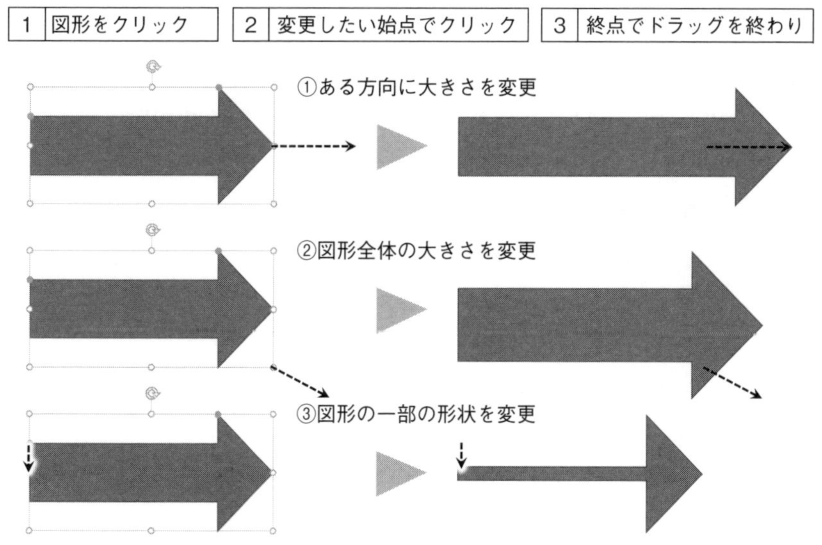

図 3.47 図形の大きさや形状を変える

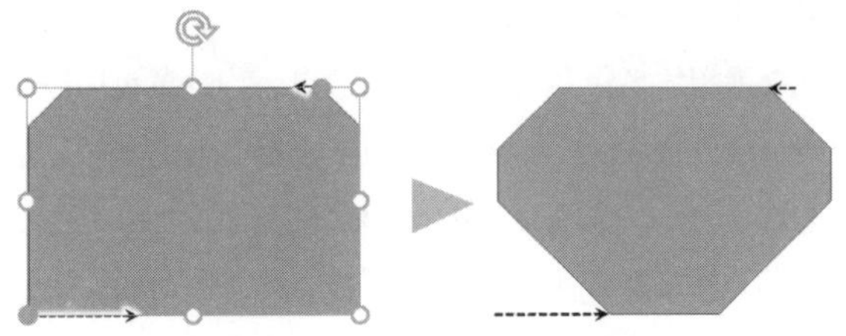

図 3.48　こんな変形も可能

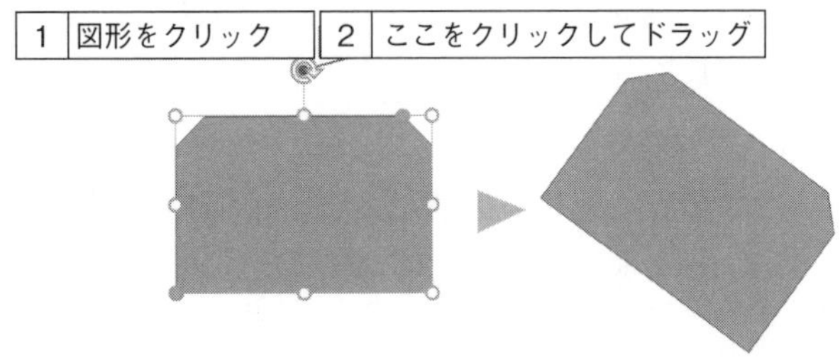

図 3.49　図形を回転させる

することによって，図形を回転させることができます(図3.49参照)．また，白い○をドラッグすることによって図形を反転させることもできます．

4)　図形の線や色を変更する

挿入した図形の線や色も，フォントの色と同様に変えることができます(図3.50参照)．

5)　直線は矢線に変えられる

プレゼン資料においては，フローチャートではもちろんのこと，ものごとの関係やつながりを表現するときに矢線が多用されます．矢印部分の種類や大きさも変更できますので，紹介します．ここでは，図3.45ですでに作成した直線を用いて矢線にする方法を図3.51に示します．

6)　図形を移動する

図形の移動といっても，平面上の移動と立体的な移動とがあります．平面上

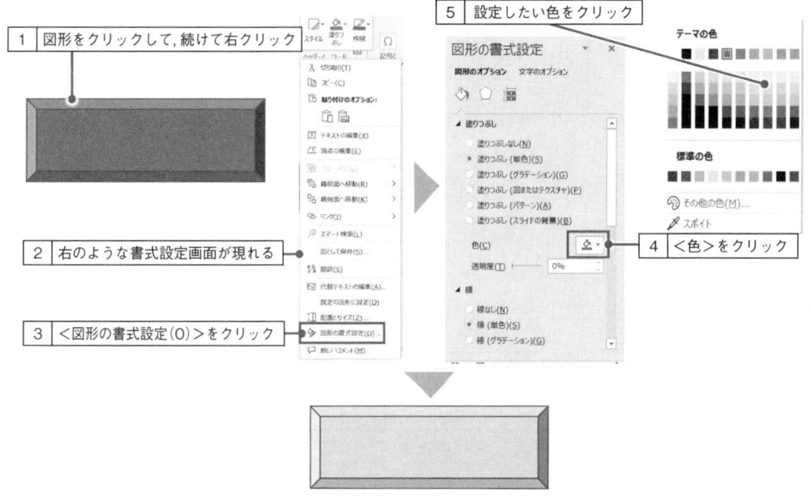

図 3.50　図形の色を変更する

の移動方法で最も簡単なのが，■(上下左右の矢印のキー)を操作することです．移動したい図形をクリックして選択し，移動させたい方向のキーを押すだけです．ただし，この方法では少しずつしか移動しません．そこで，早く大胆に移動させたいときの操作方法を図 3.52 に示します．

次に，重ねた図形を立体的に移動させる方法を紹介します(図 3.53 参照)．

7)　図形を結合・グループ化する

PowerPoint は，複数の図形を組み合わせて，接合・型抜き・重なり抽出などができる「図形の結合」という機能と，複数の図形を 1 つにまとめることができる「グループ化」という機能があります．

①　図形の結合

図形の結合には，接合・型抜き／合成・切り出し・重なり抽出・単純型抜きの 5 種類があります(図 3.54 参照)．図形の結合を実施する手順を図 3.55 に示します．なお，図形がグループ化されていると図形を結合することはできませんので注意しましょう．

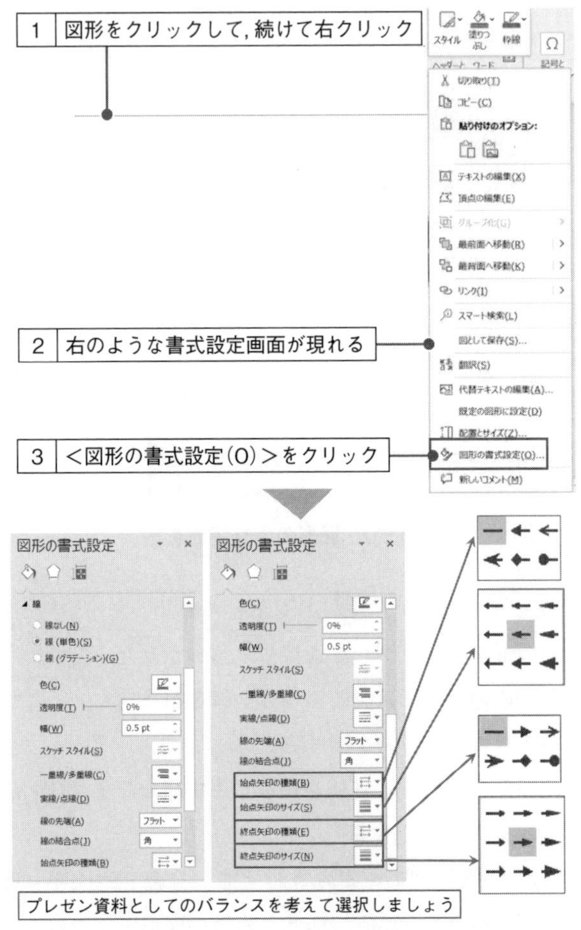

図 3.51　矢線の矢印の変更

② グループ化

複数の図形やテキストボックスを１つにまとめることができます．このことをグループ化といいます．図形をグループ化することによって，移動や拡大縮小を簡単に行えるようになります．図 3.56 にグループ化の手順を示します．

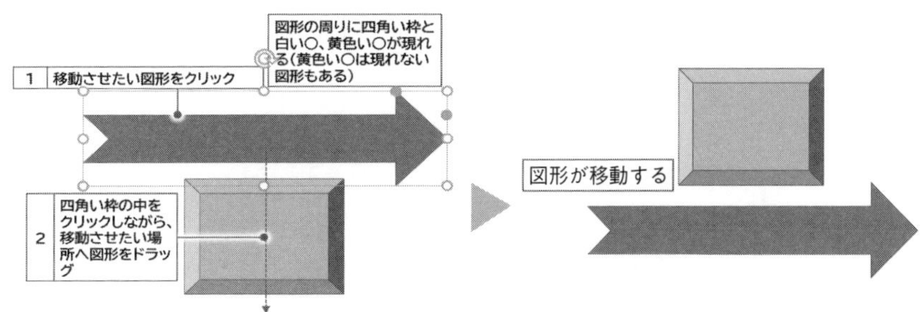

図 3.52　図形の平面上の移動

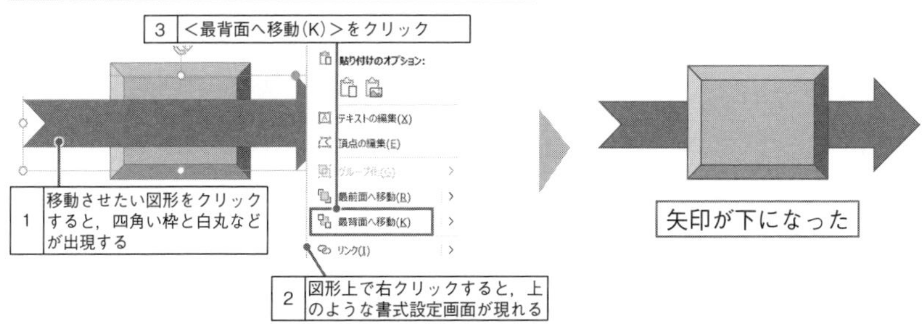

図 3.53　図形の立体的な移動

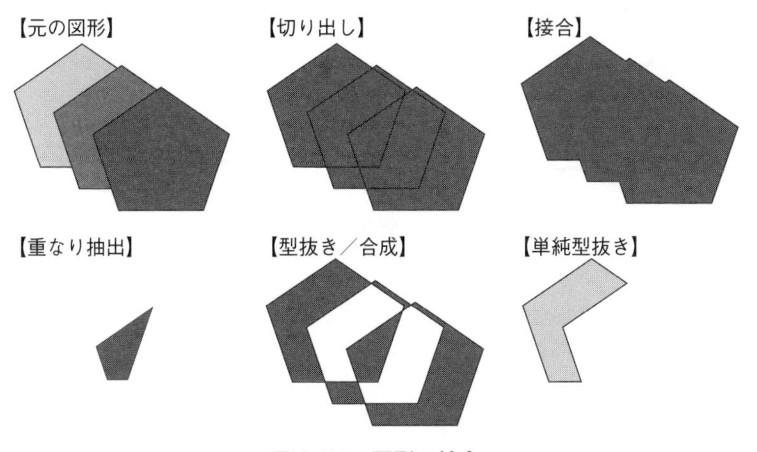

図 3.54　図形の結合

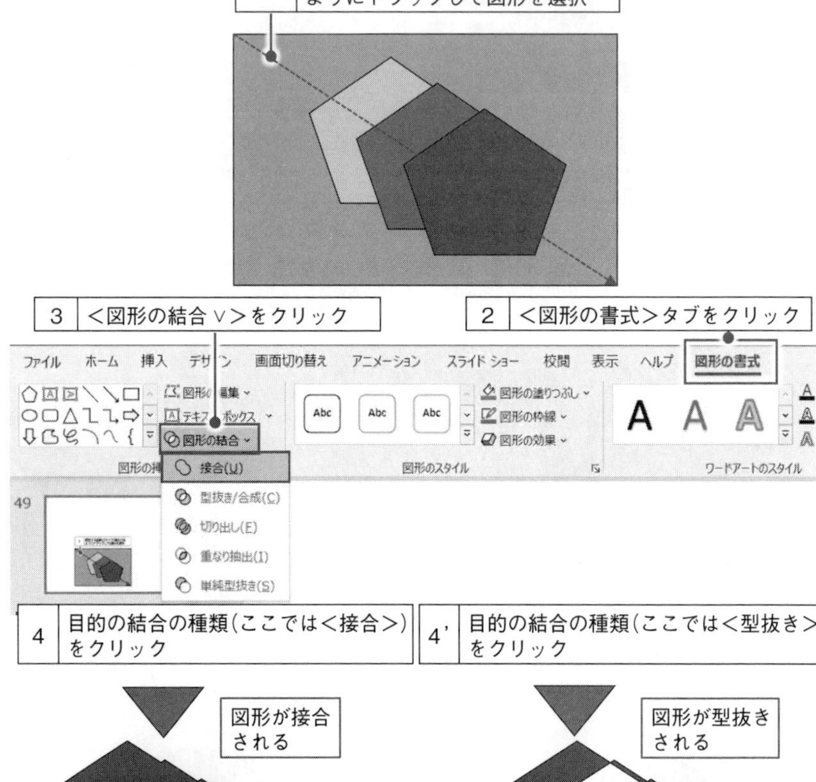

図 3.55　図形の結合手順

また，グループ化したい図形などをドラッグして，右クリックでもグループ化を実施することができます(図 3.57 参照).

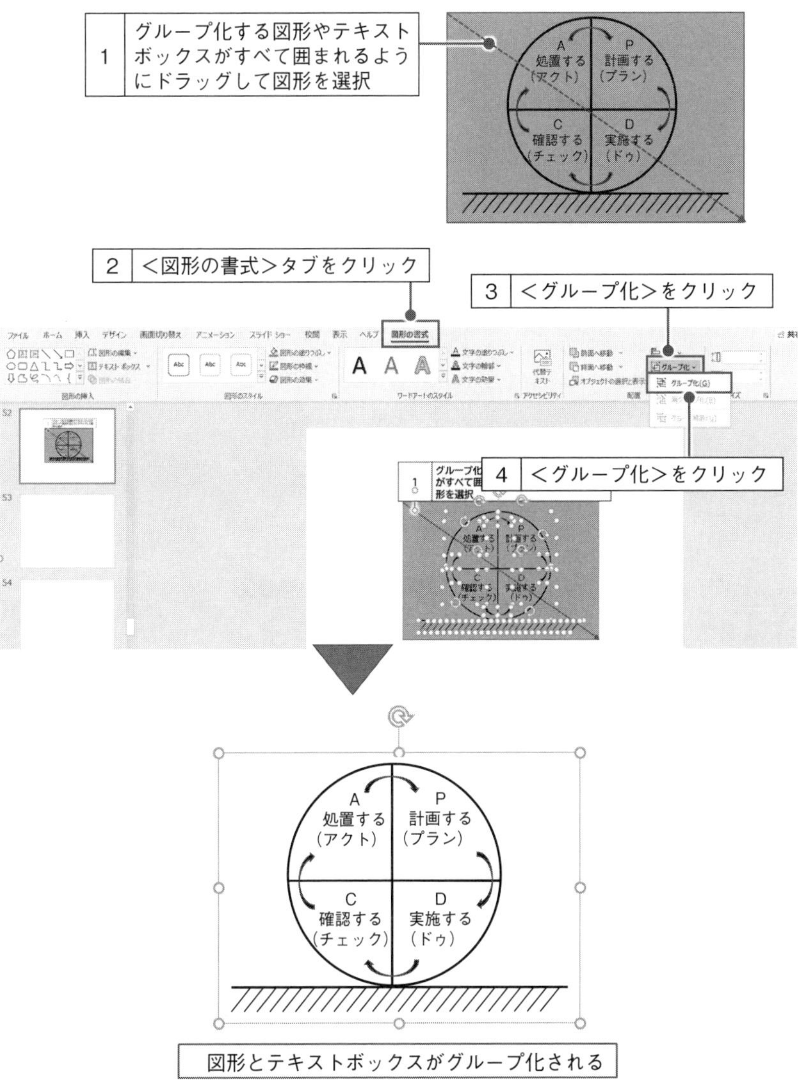

図 3.56　グループ化の手順①

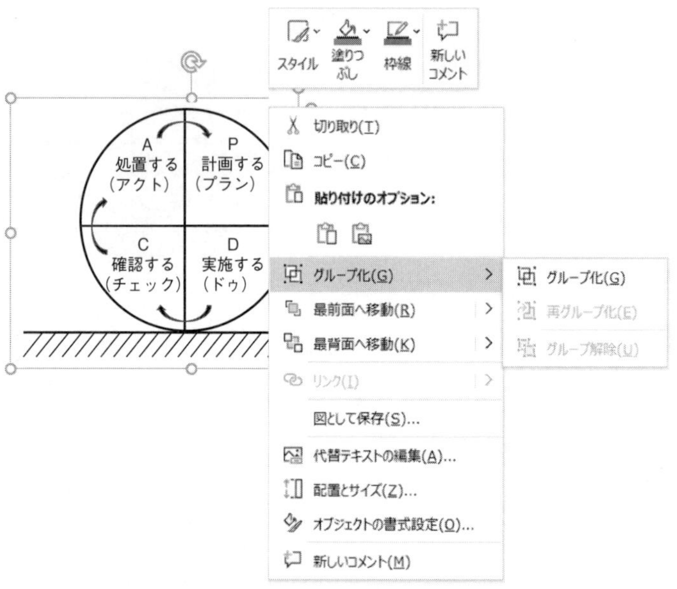

図 3.57　グループ化の手順②

ワンポイント　◆文字も図形と同じ比率で拡大・縮小する

テキストボックスも図形とともにグループ化することができますが，拡大・縮小を実施してもフォントの大きさは変わりません．もしも，字の大きさも図形と同じ比率で拡大縮小したいときは，一度グループ化を実施し，コピー⇒図(拡張メタファイル)で貼り付けを実施しましょう．

なお，グループ化した図形やテキストボックスは個別に編集することもできます．グループ化された図形をクリックしてグループ化された全体を選択し，目的の図形やテキストボックスを選択します．サイズ，色の変更や移動ならびに文書の書き換えができます．

また，グループ化を解除するには，グループ化された図形をクリックして選択し，<図形の書式>タブをクリック⇒<グループ化>をクリック⇒<グループ解除>をクリックします．

8）図形に文字列を入力する

線や矢印などを除く図形には文字列を入力することができ，フォントの種類や色・大きさなどもテキストボックスと同様に書式を設定できます．たとえば，目標を達成したことを強調するために，図3.58のように示すことができます．

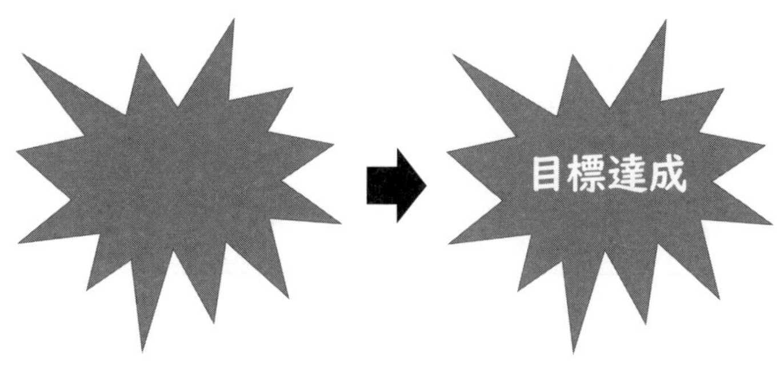

図3.58　図形には文字列も入力できる

(9) アニメーションの活用

QCサークル活動での発表の中で最も有効的なアニメーションの使い方は，装置の動きや物の動きをあたかも動画のように見える化することです．PowerPointではいろいろなアニメーションが用意されていますので，特徴を表3.3に示しておきます．はじめてPowerPointを作成する人にありがちなこととして，アニメーションに凝りすぎてしまう，という欠点があります．アニメーションの多用は控えましょう．ここぞというときに，上手にアニメーションを活用することが大切です．

1）アニメーション効果を設定する

テキストや図形などのオブジェクトに設定できるアニメーション効果は，と

表 3.3　アニメーションの対応箇所とその内容

対応箇所	内　容	動作の主な順番
テキスト(文字)・図形	テキスト(文字)が回転したり(ターン)，滑り込んできたり(スライドイン)，1文字ずつ出てきたり(ライズアップ)など，注目を集めるための素材	＜アニメーション＞図3.59参照
グラフ	棒グラフに「ワイプ」という効果を設定すると，棒グラフが軸から伸びるようなアニメーションになる	＜アニメーション＞⇒グラフの再生順序⇒＜効果のその他のオプションを表示＞⇒＜グラフアニメーション＞
動かす	図形や絵などのオブジェクトを軌跡に沿って動かすことができる	オブジェクトの選択⇒＜アニメーション＞⇒＜その他のアニメーションの軌跡効果＞
スライド切り替え時	現在のスライドから次のスライドへ切り替わる際に，画面に変化を与えるアニメーション効果	目的のスライドのサムネイルをクリック⇒＜画面の切り替え＞⇒効果の選択

にかく沢山ありますので，確認してお気に入りの効果を探してください．くれぐれも凝りすぎないように！

図3.59にテキストや図形などのオブジェクトにアニメーションを設定する方法を示します．

また，「スライドイン」，「フロートイン」，「ワイプ」，「ズーム」などの一部のアニメーション効果では，オブジェクトが動く方向を設定することができます(図3.60参照)．オブジェクトの再生順序をクリックし，＜効果のオプション＞をクリックしてお好みの方向などを選んでください．

2)　アニメーションのタイミングや速度を変更する

設定したアニメーションを動かすタイミングや再生されるまでの時間は，自由に設定することができます．

アニメーションを動かすタイミングは，次の3つの項目が用意されています．

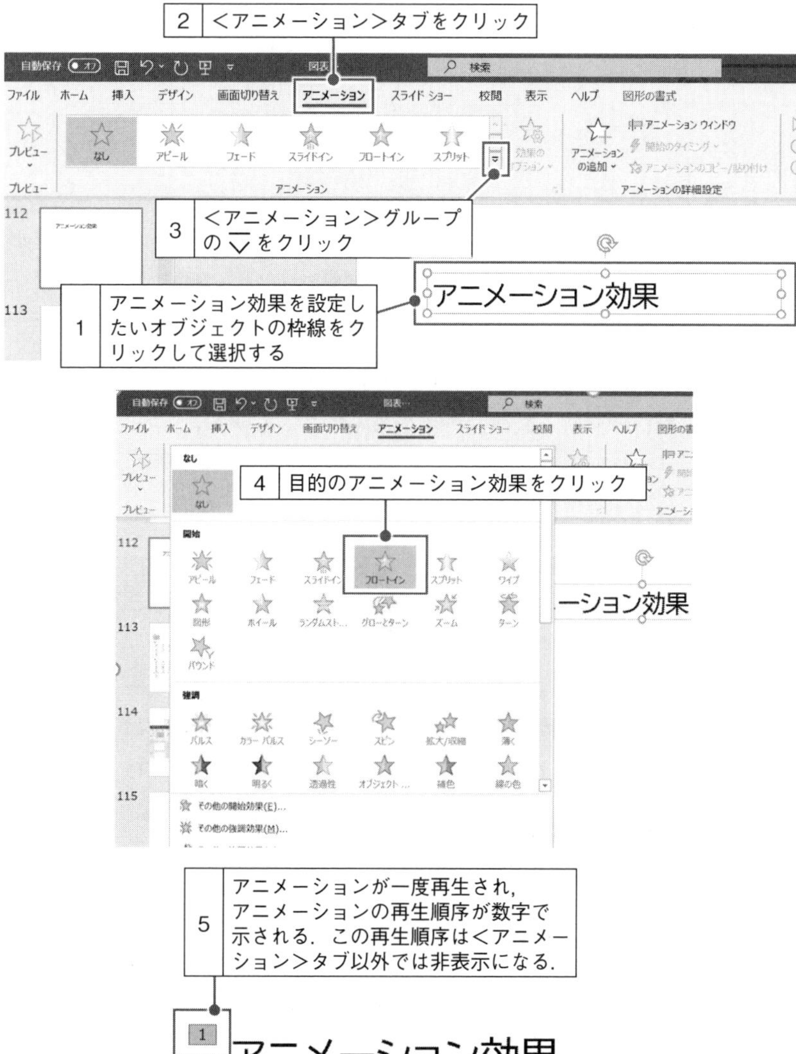

図 3.59　テキストや図形などのオブジェクトにアニメーションを設定する

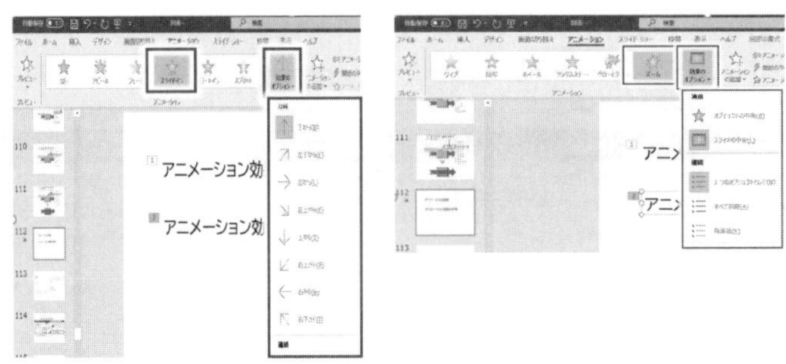

図 3.60　アニメーション効果の方向や消点なども変更できる

①　クリック時：スライドショー再生時に，クリックすると再生される

②　直前の動作と同時：直前に再生されるアニメーションと同時に再生される

③　直前の動作の後：直前に再生されるアニメーションが終わったあとに再生される．前のアニメーションが終了してから次のアニメ－ションが再生されるまでの時間は，＜遅延＞で指定できる

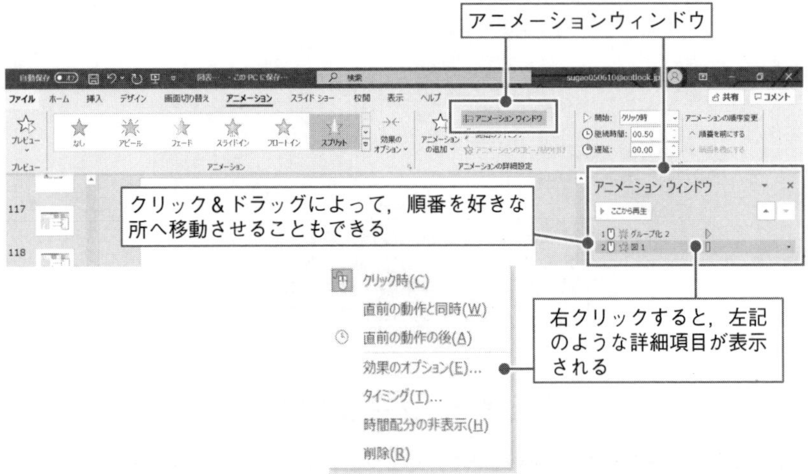

図 3.61　アニメーションウィンドウを使いこなそう

アニメーションウィンドウをうまく使いこなすことによって，作業時間が大幅にカットすることができます(図3.61参照).

(10) ノートの活用

PowerPointにはノートという機能があり，スライドの説明や発表原稿などをテキストで入力することができます．さらに，このノートはスライドショーの実行中に発表者のパソコンにだけノートの内容を表示することができたり，スライドとセットで印刷する機能があります(3-3節参照).

プレゼン資料を作成する際には，発表原稿をこのノートに記入することが多いので，ぜひ活用したい機能の一つです.

ノートの作成は，PowerPointの標準モードで行います(3-2節(2)参照)．標準表示にすると，画面の下に「ノートを入力」と表示された部分がありますので，ここに発表原稿などを入力します．ノート入力するノートウィンドウを広げたいときは，スライドウィンドウとノートウィンドウの境界線にマウスポインターを合わせ，上方向にドラッグすることによって，ノートウィンドウの領域を広げることができます.

なお，発表原稿を記載する際のアドバイスを一つ．クリックしてアニメーション効果を活用したり，次スライドへ切り替えするときのタイミングとして「●」や「▲」なども記入しておくとよいです．図3.62では「▲」がクリックタイミングとして使用されています.

ワンポイント ◆もしノートが見えなければ

もしも，ノートがスライドウィンドウから消えていたら，画面右下にあるステータスバーの「ノート」をクリックすると現れます.

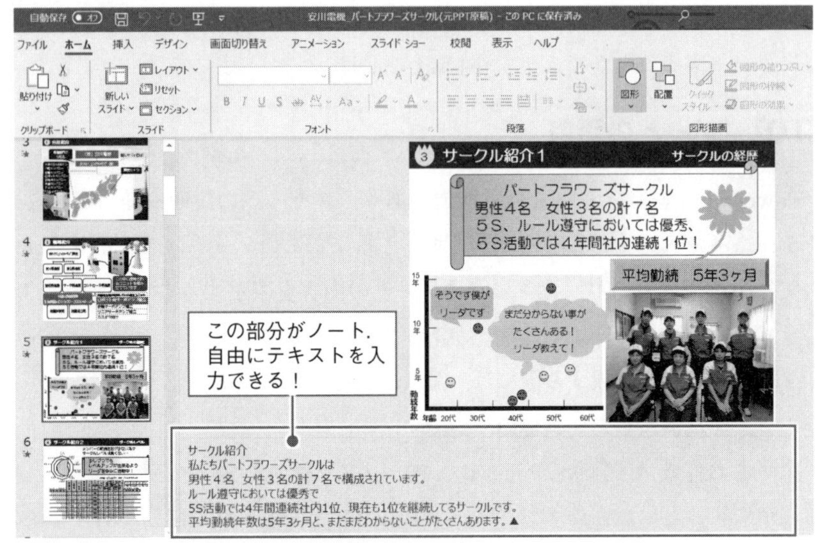

図 3.62　発表原稿としてノートを活用

(11)　プレゼン資料を作成するうえで知っていると便利なツール

PowerPoint の機能だけに限らず，知っていると便利なツールを紹介します．これらは，単体での使用ではわずかな時間削減でしかないですが，使用頻度が高い操作ですから，活用することによって大幅な時間短縮が期待できます．

1)　スライド編集時に便利なショートカットキー

PowerPoint にはさまざまな機能があり，これまでにも代表的なものは紹介してきました．それぞれの機能には手順があり，いくつもの操作が必要です．一つひとつはそれほど時間を要するものではありませんが，何回も何回も操作するとなると多くの時間を費やします．しかし，Office 製品にはショートカットキーが設けられており，よく使う機能のショートカットキーを覚えておけば時間短縮になります．そこで，プレゼン資料を作成するうえで知っていると便利なショートカットキーを紹介します(表 3.4 参照)．

表 3.4　スライド編集時に便利なショートカットキー

操作キー	機　能
Ctrl + C	テキスト・オブジェクトのコピー
Ctrl + X	テキスト・オブジェクトの切り取り
Ctrl + V	テキスト・オブジェクトの貼り付け
Ctrl + D	複製する(コピー&ペースト)
Ctrl + Shift + ドラッグ	テキスト・オブジェクトの複製
Ctrl + Shift + D	スライドを複製する
Back space	選択中の左側の文字を削除する
Delete	選択中の右側の文字を削除する
Ctrl + Shift + >	文字のサイズを大きくする
Ctrl + Shift + <	文字のサイズを小さくする
Ctrl + A	テキスト・オブジェクトを全選択する
Ctrl + G	選択中のオブジェクトをグループ化する
Ctrl + S	保存する
Ctrl + Z	元に戻る
Ctrl + W	終了する

2)　パソコン画面の一部または全体から文字や画像をコピーする

Windowsには,「Snipping Tool」という便利な機能があります．これは,パソコン画面の一部もしくは全体の文字や画像をコピーすることができる機能です．画面左下の<スタート>をクリックし，アプリの中の< Windows アクセサリ>をクリックして< Snipping Tool >を選択します．もしくは，検索ボックスに「Snipping Tool」と入力し，結果の一覧から「Snipping Tool」を

表 3.5　Snipping Tool でできる切り取り（Microsoft の HP より）

自由形式の領域切り取り	オブジェクトの周りに任意の図形を描きます．
四角形の領域切り取り	オブジェクトの周りにカーソルをドラッグして四角形を描きます．
ウィンドウの領域切り取り	ダイアログボックスなど，キャプチャするウィンドウを選択します．
全画面領域切り取り	画面全体をキャプチャします．

選択します．表 3.5 に示すような切り取りができます．また，この機能は，[Windows]＋[Shift]＋[S]というショートカットでも実行可能です．

3)　複数のオブジェクトやスライドを選択する

スライド作成中に，複数のオブジェクトを同時にコピーしたい，ここからここまでのスライドをコピーしたい場合があります．このとき，同時にいくつかのオブジェクトやスライドを選択する方法と一定範囲のオブジェクトやスライドを選択する方法を紹介します．このテクニックを知っていると，同時にコピーや削除を実施することができます．

①　同時にいくつかのオブジェクトやスライドを選択する

オブジェクトについてはスライドウィンドウ上で，スライドについてはサムネイルウィンドウ上で作業します．[Ctrl]を押しながら，選択したいオブジェクトやスライドを選択していきます．

②　一定範囲のオブジェクトやスライドを選択する

オブジェクト：作業したいスライド上のオブジェクトがすべて含まれるようにドラッグして選択する．

スライド：サムネイルウィンドウ上で選択したいスライドの始点でクリックし，[Shift]を押しながら選択したいスライドの終点をクリックする．

4)　すべてのスライドに会社名やスライド番号などを入れる

3-2 節で紹介したスライドマスターを使わなくても，すべてのスライドに日付や会社名・サークル名，スライド番号を挿入することができます．図 3.63 に

図 3.63　すべてのスライドにスライド番号と会社名を入れる

＜フッター＞を利用したスライド番号と会社名の挿入の仕方を示します．

(12)　文字，オブジェクト，スライドの削除

ここまでは，発表資料の作成ということで，新たなものの追加，編集する方法について述べてきましたが，途中で文字，テキストボックスや図形などのオブジェクト，スライドを削除することも当然あります．それらの方法について解説します．

1)　文字を削除する

テキストボックスの枠線をクリックし，削除したい文字の後ろにマウスポインターを合わせて，Deleteを押す，もしくは削除したい文字の前にマウスポインターを合わせ，Back spaceを押して，文字を削除します．

2)　テキストボックスや図形などのオブジェクトを削除する

テキストボックスや図形などのオブジェクトの枠線をクリックし，Deleteまたは Back spaceを押してオブジェクトを削除します．

また，一度に複数のオブジェクトを削除したいときには，対象のオブジェクトをドラッグして選択し，DeleteまたはBack spaceを押す，Ctrlを押しながら削除したいオブジェクトをクリックして選択していき，DeleteまたはBack spaceを押してオブ

ジェクトを削除する方法などがあります．すべてのオブジェクトを削除したいときには，Ctrl + A で全オブジェクトを選択してから Delete または Back space を押してオブジェクトを削除します．

3）　スライドの削除

サムネイルウィンドウの削除したいスライドをクリックし，Delete または Back space を押してスライドを削除します．

4）　元に戻すには

間違って削除した文章やスライド，オブジェクトを元に戻すには，クイックアクセスバーの＜元に戻す＞をクリックするか，Ctrl + Z を押すことで，直前の操作を取り消して元に戻すことができます．

(13)　プレゼン資料の保存・終了・開く

1）　プレゼン資料を保存する

作成したプレゼン資料はファイルとして保存して，作成内容が失われないようにしましょう．保存の仕方には，＜名前を付けて保存＞と＜上書き保存＞とがあります．はじめて保存する場合には，＜名前を付けて保存＞を実行します(図 3.64 参照)．

また，一度保存したファイルは上書き保存することができます．上書き保存するには，クイックアクセスツールバーの＜上書き保存(Ctrl+S)＞をクリックするか(図 3.65 参照)，＜ファイル＞タブをクリックして＜上書き保存＞をクリックします．

2）　プレゼン資料を閉じる・PowerPoint を終了する

プレゼン資料の作成や編集を終え，保存したらプレゼンテーションを閉じるか PowerPoint を終了する必要があります．

①　プレゼンテーションを閉じる

＜ファイル＞タブをクリックして，＜閉じる＞をクリックすると，プレゼンテーションが閉じます．プレゼンテーションは閉じても，PowerPoint は終了

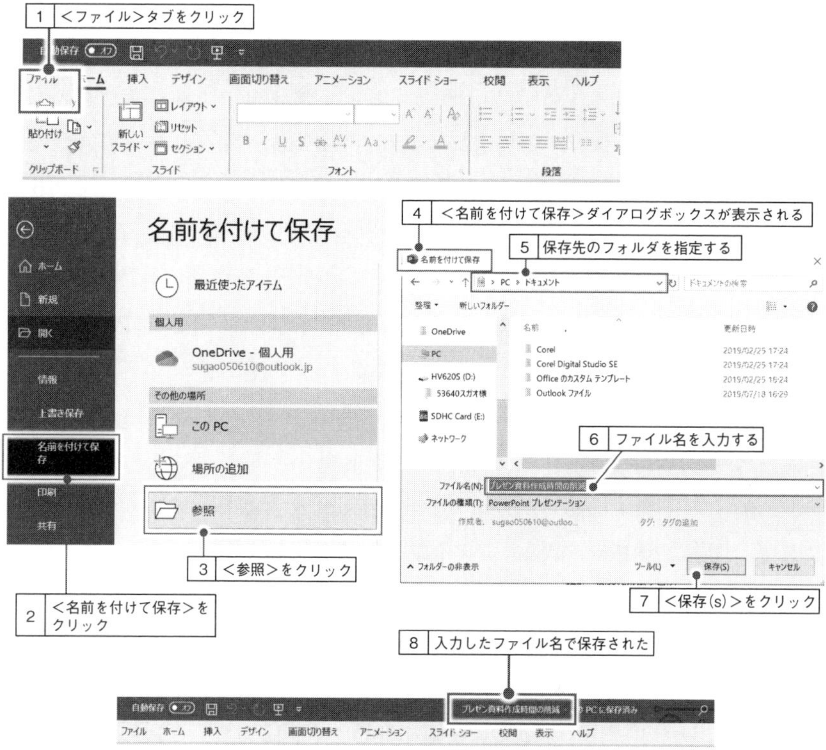

1 ＜ファイル＞タブをクリック
2 ＜名前を付けて保存＞をクリック
3 ＜参照＞をクリック
4 ＜名前を付けて保存＞ダイアログボックスが表示される
5 保存先のフォルダを指定する
6 ファイル名を入力する
7 ＜保存(s)＞をクリック
8 入力したファイル名で保存された
名前を付けて保存
最近使ったアイテム
個人用
OneDrive - 個人用
その他の場所
この PC
場所の追加
参照

図 3.64　名前を付けて保存

1 ＜上書き保存(Ctrl+S)＞をクリック

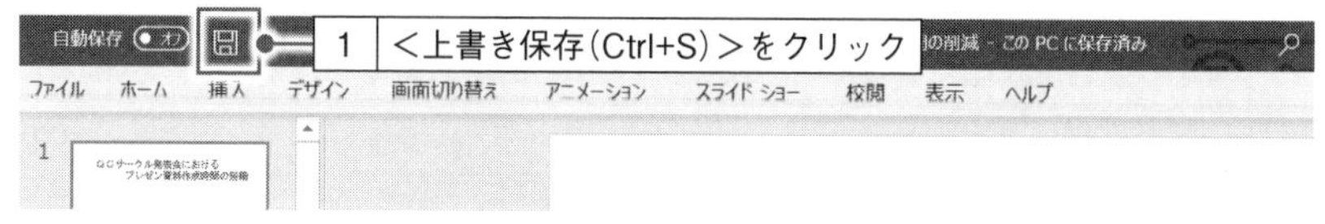

図 3.65　クイックアクセスツールバーを用いた＜上書き保存＞

していませんので，続けて他のプレゼンテーションの作業を行うことができます．

② PowerPoint を終了する

PowerPoint を終了する方法を図 3.66 に示します．また，変更を加えた PowerPoint を保存しないで閉じようとすると，図 3.67 のような確認が表示されます．ファイルを保存する場合には＜保存(S)＞を，保存しない場合は＜保存しない(N)＞を，閉じないで編集作業に戻る場合は＜キャンセル＞をクリックします．

3) プレゼン資料を開く

プレゼン資料を開く 2 つの方法を紹介します．1 つ目は，PowerPoint を起動してから，編集したいファイルを開く方法です．2 つ目は，エクスプローラーから使用したいファイルを開く方法です．

① PowerPoint を起動してからファイルを開く

3-2 節(3)の手順 1 に記した方法で PowerPoint を起動し，＜開く＞をクリックして，開きたい PowerPoint ファイルをクリックします．

② エクスプローラーからファイルを開く

エクスプローラーを開き，開きたい PowerPoint をダブルクリックします．

図 3.66 PowerPoint を終了する

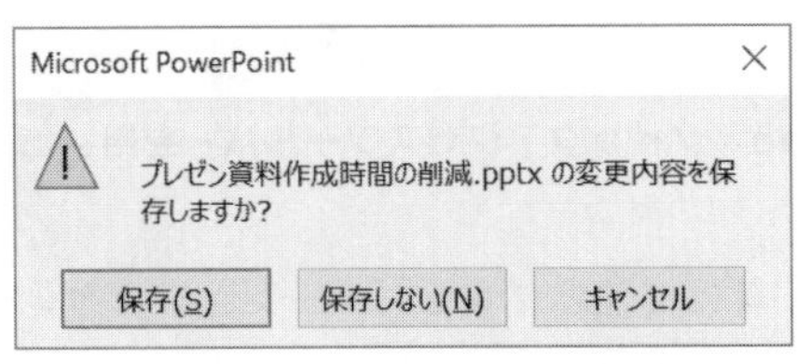

図 3.67 保存の確認表示

3-3 作成済み PowerPoint スライドの印刷

プレゼンを行う際に，あらかじめスライドの内容を印刷したものを資料として参加者に配付しておくと，参加者は内容を一層理解しやすくなります．また，スライドごとに発表原稿を記入したノートは，スライドと一緒に印刷することができます．

PowerPoint の印刷方法は 4 種類あります．目的に照らし合わせてうまく活用しましょう．

① フルページサイズのスライド：スライドショーと同じ画面を印刷する．
② ノート：スライドと一緒にノートを付けて印刷する．
③ アウトライン：スライドのアウトラインのみを印刷する．
④ 配布資料：A4 など 1 枚の用紙に複数枚のスライドを配置して印刷する．

まず，フルサイズのスライドの印刷の仕方を図 3.68 に示します．図 3.68 の「7：目的の印刷範囲のクリック」では，次の 4 種類の印刷対象から選択することができます．

① すべてのスライドを印刷：プレゼンテーション全体(すべてのスライド)を印刷する．
② 選択した部分を印刷：サムネイルウィンドウやスライド一覧表示モードで選択しているスライドのみを印刷する．
③ 現在のスライドを印刷：現在表示しているスライドのみを印刷する．
④ ユーザー設定の範囲：「スライド指定」ボックスに入力した番号のスライドのみを印刷する．

番号と番号の間は，「,」で区切り，連続したスライドを選択するときは，始まりと終わりの番号を「-」で結びます．たとえば，「2-4,7」と入力した場合には，2，3，4，7 番目のスライドが印刷されます．

また，PowerPoint においては，スライドの印刷のみならず発表原稿や発表

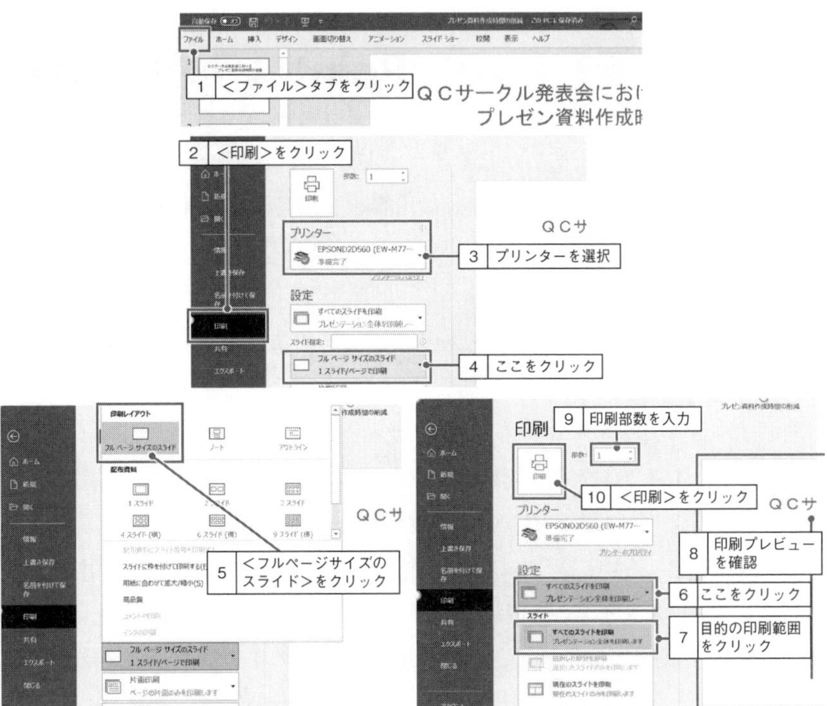

図 3.68　フルページサイズのスライドの印刷

者用のメモとしてのノートをスライドと一緒に印刷することができます．このような資料はいつの時点の資料なのか，どういう内容かが重要ですので，日付やページ番号などをヘッダーやフッターに表示しておくと便利です．そこで，図3.69にヘッダーとフッターを編集してノートを印刷する手順を示します．なお，1～4まではフルサイズのスライド印刷方法と同じですので，割愛しています．

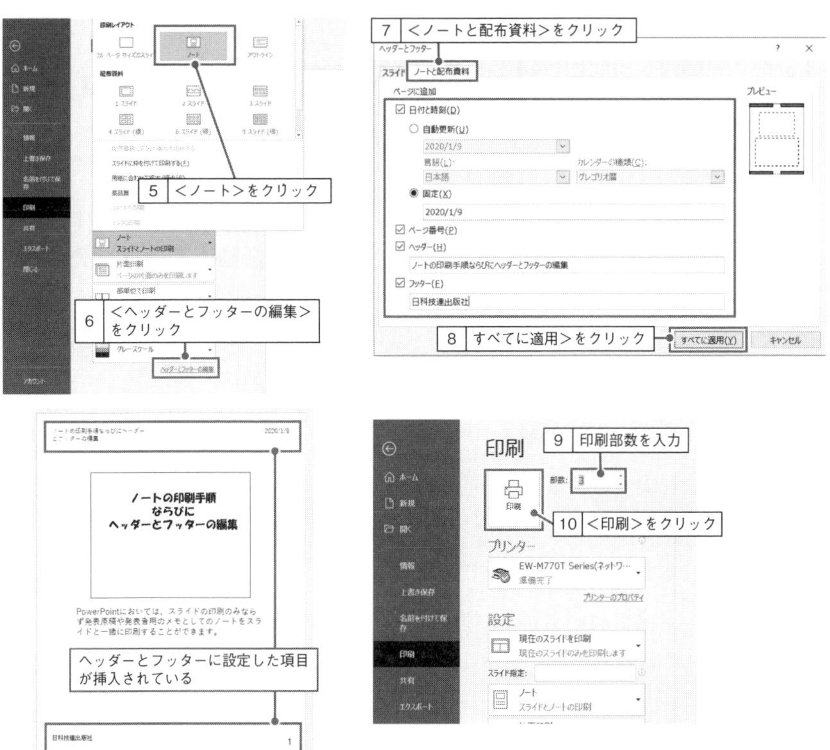

図 3.69　スライドとノートを一緒に印刷する

ワンポイント　◆ノートのフォントサイズも変更できる

ノートと配布資料のレイアウトを編集する場合には，＜表示＞タブの＜ノートマスター＞を使用します．＜ノートマスター＞をクリックすると，ノートマスターが表示されるので，ノートのフォントサイズ，ヘッダー・フッターの位置，書式などが変更できます．

3-4　成功するプレゼン資料とするための 10 箇条

最後に，PowerPoint スライド作成後の大事なチェックポイント，題して「成功するプレゼン資料とするための 10 箇条」を示します．

ここでは，改善の論理性や活動内容(QC サークル活動の進め方，推進の仕方，会合，リーダーシップなど)については，あえて触れていません．よりわかりやすく，皆に理解してもらえるプレゼン資料とするための 10 箇条です．

第 1 条　欲張るな，簡潔に
第 2 条　読ませるな，見せろ(図解化のすすめ)
第 3 条　長ったらしい文章はＮＧ！　箇条書きで
第 4 条　文字のフォントは 20 ポイント以上
第 5 条　強調したい文字は目立たせる(強弱をつけろ)
第 6 条　立体グラフは使わない
第 7 条　意味のないアニメーションは使わない
第 8 条　余白を設けろ，行間は少し多めに(余裕が大切)
第 9 条　色を使いすぎない．モノクロ印刷も対応できる色づかいを
第 10 条　スライド背景はシンプルに

第4章 リハーサルと要旨の作成

作成を終えたプレゼン資料（PowerPoint で作成したスライドおよび発表原稿）をもとに，これからプレゼンの実施に移っていきます．

第４章では，発表本番に向けての準備からリハーサルについて，ならびに要旨の作成方法について説明します．抜かりない準備で本番に備えましょう．

4-1 リハーサルの準備

プレゼン本番を成功させるという好ましい結果を得るためには，そこに至るまでのプロセスが大切です．第3章では，プレゼンのための発表資料の作り方について解説しました．成功するプレゼンのためには，本番前のリハーサルも非常に大切です．

プレゼンのリハーサルをスムーズに進めるために，作成したプレゼン資料や発表原稿を用いて準備を行います．すぐに対処できるから大丈夫と思わずに，事前にできる限りの処置や対応をしておくことによって，余裕ができ気持ちがかなり楽になります．

(1) プレゼン内容と発表ストーリーに精通する

プレゼンの主役は何といっても発表者ですが，パソコン操作者(PowerPointのスライドショーを操作する人)とともに発表するケースが多いです．この発表者とパソコン操作者の息が合っていると，プレゼンもうまくいきます．そこで，発表者とパソコン操作者は次の要点を押さえておくことが大切です．このことが本番での発表の自信につながります．

① 発表者とパソコン操作者はプレゼン資料に精通しておく

② アニメーションが設定されたスライドがある場合には，アニメーションの流れに精通しておく

③ パソコン操作者は，発表者の話し方や呼吸のタイミングなどのクセを熟知しておく

(2) パソコンの設定

リハーサルやプレゼン本番で使用するパソコンについても注意が必要です．プレゼン本番で使用するパソコンとリハーサルで用いるパソコンは同じものを

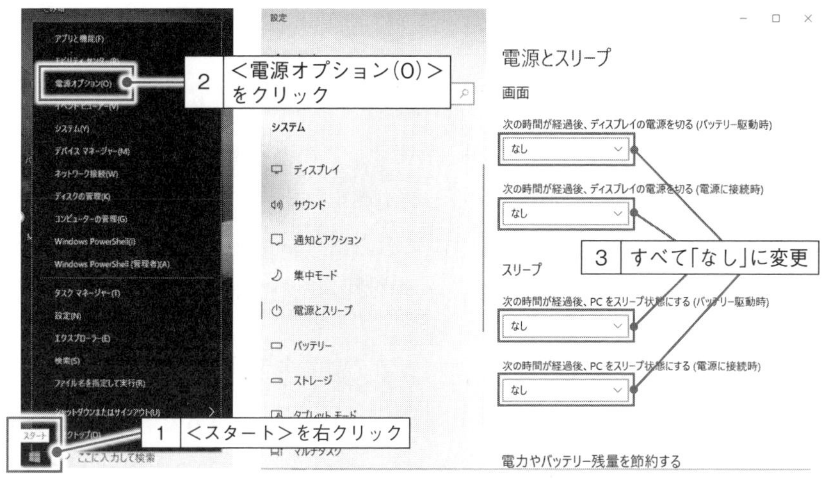

図 4.1　電源やスリープ状態の変更

使用すべきです．リハーサル準備の段階では，少なくとも次の 2 点は実施しておきましょう．

① スクリーンセイバーを OFF にする

② 電源やスリープモードの設定を確認し，5 分や 10 分に設定されている場合は「なし」に変更しておく(図 4.1 参照)．発表待ちの段階で電源が切れてしまう，またはスリープ設定になってしまうことを防ぐためです．

(3) 日程，会場，対象者などの再確認

プレゼンの日程，会場，対象者などを再確認しておきます．このことにより，その後のリハーサルでのチェックをスムーズに行うことができます．また，リハーサルにおいては，上司をはじめ多くの関係者に参加してもらい，助言を得たり質疑応答対応などをしますので，リハーサルの開催日程調整なども忘れずに行いましょう．

(4) 使用機器の再確認

第3章でも触れましたが，PowerPointを作成・編集したパソコンとプレゼン時のパソコンが異なるケースがあります．このようなときには要注意です．フォントが違う，おかしな位置で改行している，オブジェクトの色が違うなどの問題が発生するケースがあります．これらは，パソコンメーカーや機種の違いによって発生してしまうのです．必ず，プレゼン時に使用するパソコンを用いてPowerPointの動作を確認しておきましょう．

機器関係では，もう1点重要なことがあります．それは，プロジェクターとの接続方法です．プレゼン時に使用するパソコンの映像出力端子は必ず確認しておきましょう．これまでは，VGA端子(アナログRGB，ミニD-Sub15ピンとも呼ばれる)が主流でしたが，2020年現在は映像と音を1本のケーブルで伝送できるHDMIが広く使用されるようになってきました．

プレゼン時に使用するパソコンの映像出力端子がどちらなのか，確認を行っておくとともに，必要ならば発表会事務局にプロジェクター情報をもらっておくとよいです．図4.2にパソコンのVGA端子とHDMI端子の写真を示します．

(5) 電子データのバックアップ

PowerPoint資料を用いてプレゼンする場合には，事務局などから指示された所定の媒体に保存してある電子データとは別に，バックアップデータも用意しておきます．指定媒体がUSBメモリーであるならば，SDカードのバック

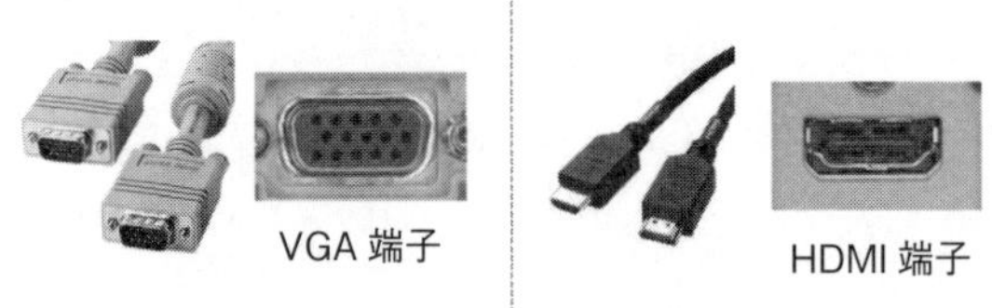

図 4.2 プロジェクターとの接続端子

アップを準備するなど，異なる媒体でのバックアップデータが理想です．

もう1点注意事項を．発表当日に，発表会場でクラウドからPowerPointのデータを読み込むのは避けるべきです．環境によって，電波状態が異なり，つながりにくいなどの問題が発生する可能性があるからです．

4-2　リハーサルの実施と確認事項

リハーサルの最大の目的は，関係者に協力してもらい，本番のプレゼンにおいて伝えたいことが視聴者にわかりやすく伝わるかどうかを総合的にチェックすることです．具体的には，プレゼン資料の見やすさや構成，プレゼン資料と口頭説明の内容との関係，全体の時間とスライドごとの時間配分などを確認します．以下にリハーサルのポイントを示します．

(1)　パソコンで発表練習を行う

発表練習は発表者とパソコン操作者の両者が都合のよい日時に実施するのが理想ですが，うまく時間が合わない場合もあります．そのようなときには，発表者のみでもパソコンがあれば練習できます．発表原稿を読みながらパソコンをクリックしていけばいいのです．自分でパソコンを操作しながら(クリックしながら)発表練習すると，原稿内容と画面の状況とを確認することができます．発表者は，ただ黙々と発表原稿を読めばよい，というわけではなく，現在のスライドが発表と合っているかを確認しながら発表を進めるべきです．そのためにも，このような練習は非常に役立ちます．

逆に，パソコン操作者は発表者がいなくても，発表原稿とパソコンを用意して，原稿とスライドの状況を確認することも大切です．このような練習をお互いに積み重ねたうえで，発表者とパソコン操作者が一緒になって練習すると，息の合ったプレゼンになります．

(2) スライドごとの時間計測

発表練習では，通常ストップウォッチやスマートフォンのタイマー機能を活用することが多いと思われます．発表開始から終了までの全体の時間計測はこの方法で十分ですが，発表時間が1分オーバーしているので1分短縮したい，などということもあります．このようなときには，各スライドの所要時間と全所要時間が自動計測できるPowerPointの自動計測機能を活用すると，各スライドへの時間配分の調整が容易にできます．

時間計測の実施手順：

① PowerPointを起動し，プレゼンで使用するPowerPointを開く．

② リボンの＜スライドショー＞タブの＜リハーサル＞をクリックする（図4.3参照）と，1枚目のスライドからスライドショー表示になり，同時に画面上で時間計測が始まる．

③ リハーサル実行中は，「記録中」ダイアログボックスに現在表示中のスライド経過時間と最初からの累積経過時間が表示される（図4.4参照）．

④ スライド表示をすべて終了すると，全所要時間を示すダイアログボックスが表示されるので，「今回のタイミングを保存しますか？」の確認に対し「はい(Y)」をクリックすると時間情報が記録される（図4.5参照）．

⑤ PowerPointの表示モードを＜スライド一覧＞にする（図3.3参照）と，

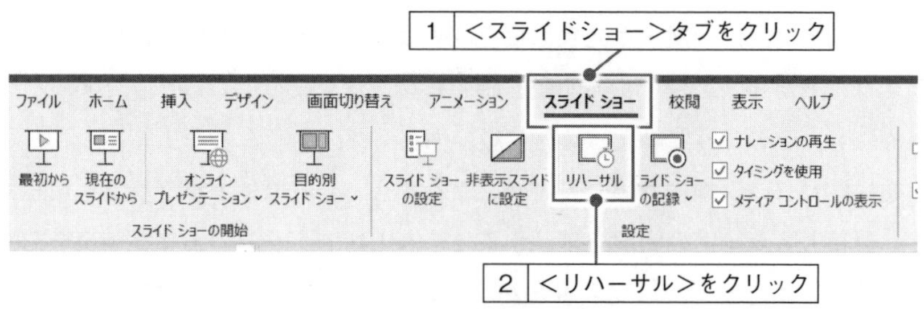

図4.3 ＜スライドショー＞タブから＜リハーサル＞を選択

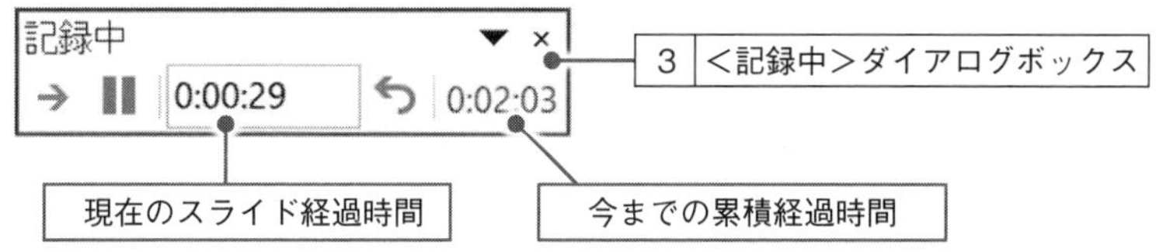

図 4.4 「記録中」ダイアログボックス

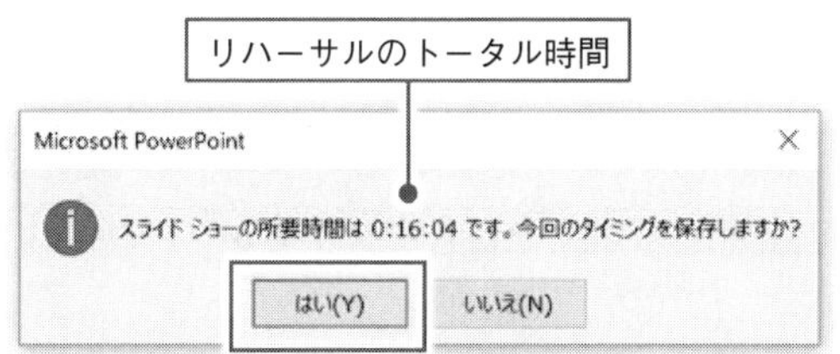

図 4.5 保存確認画面

スライドごとに所要時間が表示される(図 4.6 参照). また再度＜スライドショー＞を開始すると記録された同じタイミングでスライドショーを再現

図 4.6 ＜スライド一覧＞画面にスライドごとの所要時間が表示される

できる.

⑥　この時間計測した記録を保存したいときは，別のファイル名で保存するといつでも確認することができる．保存しておかないと，プレゼン資料を閉じた段階で記録された時間計測データは消えてしまうので注意すること.

(3)　リハーサル計測時間の活用

リハーサルで確認した所要時間を利用し，各スライド説明での時間配分や発表原稿の見直しを実施する際，記録したタイミングは次のように活用できます.

1)　スライドの自動提示によるリハーサル

リハーサルにおいて望ましいタイミングで記録することができたら，このタイミングで全スライドを自動提示することができます．この機能を利用すれば，スライド提示のタイミングを間違いなく実行できるため，パソコン操作者がいなくても，発表者のみで口頭説明の練習ができます.

実施手順 1：リボンの＜スライドショー＞タブの＜スライドショーの設定＞をクリックすると，「スライドショーの設定」ダイアログボックスが出てくるので，「スライドの切り替え」が「保存済みのタイミング(U)」になっていることを確認する(図 4.7 参照).

実施手順 2：スライドショーを実行すれば，記録したタイミングでスライドが自動的に切り替わる.

2)　タイミング設定時間の変更

リハーサル機能を用いた自動計測とは別に，望ましいスライドの切り替え時間をスライドごとに設定し，スライドごとにタイミング設定時間を変更することができます(図 4.8 参照).

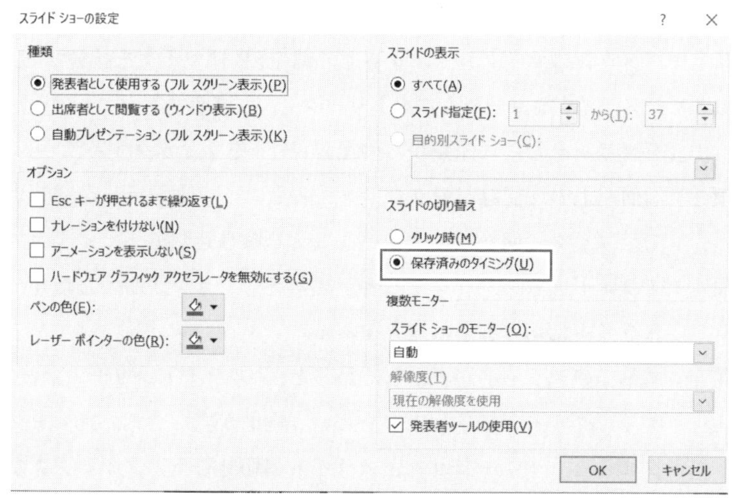

図 4.7 「スライドショーの設定」ダイアログボックス

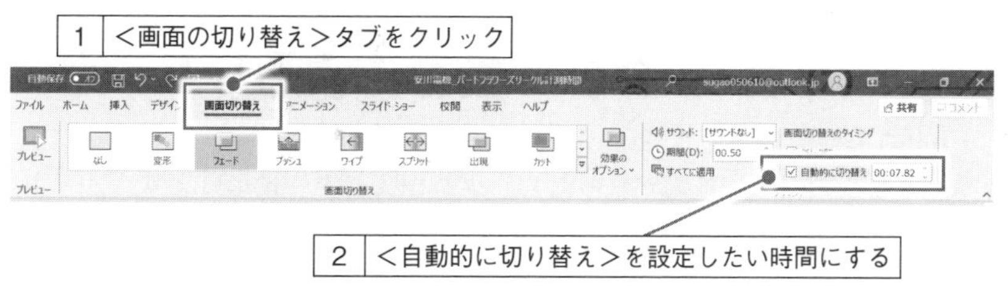

図 4.8 タイミング設定時間の変更

(4) ナレーションの活用

PowerPoint には，スライドショーを実行するときにスライドを切り替えるタイミングに合わせて再生されるように設定して，ナレーションを録音する機能があります．このナレーション機能を用いれば，ナレーションつきの自動プレゼンができます．QC サークルでの発表ではまず必要ない機能ですが，プレゼンの記録として，また関係者への配布用，教育・研修用の教材としては非常に有効ですので，ナレーションを録音する手順を記しておきます．

手順1：パソコンのマイクジャックもしくはUSBにマイクを接続する．

手順2：<スライドショー>タブをクリックし，<スライドショーの記録∨>をクリックし，<先頭からの記録(B)>をクリックする．

手順3：画面左上の「記録」をクリックするとスライドショーが開始するので，マイクに向かってナレーションを吹き込む．

手順4：スライド上をクリックすると，アニメーションが開始したり，次のスライドに切り替わったりする．

手順5：すべてのスライドが表示し終わると，「スライドショーの最後です．クリックすると終了します」という画面が表示され，画面をクリックすると，ナレーションとスライドの切り替えのタイミングが保存される．

4-3 プロジェクター投影によるリハーサル

リハーサルのための準備が整ったら，プロジェクター投影により，より本番に近い形でリハーサルを実施します．プレゼンのやり方(発表者の人数とパソコン操作)，全体の内容の確認，スライドの見え方，さらには質問対策まで総合的にチェックしていきます．

(1) プレゼン本番に近い形でリハーサルを実施する

いよいよパソコンにプロジェクターを接続してリハーサルを行います．これまでの準備の成果を関係者や上司など多くの方々の前でプレゼンすることにより，これまでとは違う角度からよりプレゼンを成功させるための助言を得ます．ここでは，リハーサルを実施する際に検討しておくべき内容を3点紹介します．

1) 発表者の人数は

発表者は１人がいいのか２人がいいのか，それともサークルメンバー全員がいいのか…．誰もが悩むところで，絶対的な正解はありません．表4.1にそれぞれのメリットとデメリットを示しておきますので，サークル内で検討して決めてください．

表 4.1　発表者の人数によるメリットとデメリット

発表者の人数	メリット	デメリット
1人	◆サークル代表として堂々と発表することができる． ◆自分自身のペースで最後まで発表することができる．	◆演台に１人しかいないため，緊張しやすい． ◆ちょっとしたミスがあったりすると，回復が難しい． ◆予定より早く進んだり，逆に遅くなってしまっても気づくことが難しく，うまく軌道修正ができない． ◆説明内容とスライドがずれていてもなかなか気づかない．
複数人（2～3人）	◆複数人が演台の前にいるので，お互いに気遣ったり，軌道修正することができる． ◆声質が異なることを利用すると，表題と説明の担当を変えることができ，よりわかりやすくなる． ◆息継ぎの時間を稼ぐことができる．結果，１人で発表するときよりも多くのことを説明することができる．	◆責任が分散されてしまうため，発表責任者などを決めておくとよい． ◆別の発表者のペースに巻き込まれてしまう可能性がある．
サークルメンバー全員	◆全員でサークル活動を実施していることが実感できる． ◆複数人で発表するときの利点を応用できる．	◆責任が分散されてしまうため，発表責任者などを決めておくとよい． ◆別の発表者のペースに巻き込まれてしまう可能性がある． ◆マイクの受け渡しなどの問題が発生する場合がある．

2) 発表時に原稿を読んでもよいのか

原稿を見ず，つかえることもなくスラスラと発表できたら、格好よいです．しかし，発表の途中でふと頭が真っ白になり，次の言葉が出なくなってしまったら，と心配になるものです．結論からいうと，原稿は手元に置いて発表すべきです．原稿は読んでかまいません．しかし，最初から最後まで一度も顔を上げずにただひたすらに原稿を読んでいる姿は褒められたものではありません．望ましい姿は，自信をもって，明るく，元気よく発表することです．たまには顔を上げて，会場の後方を見る余裕があれば最高です．

3) パソコン操作者は必要か

発表者が１人，パソコン操作者が１人というのが最も多い発表形態です．では本当にパソコン操作者が必要なのでしょうか？　実はこの問題も絶対的な正解はありません．パソコン操作者を設ける場合と設けない場合でのメリットとデメリットを表 4.2 に示します．

表 4.2　パソコン操作者を設ける場合と設けない場合のメリットとデメリット

パソコン操作者	メリット	デメリット
あり	◆発表者の説明状況を確認しながら，パソコン操作に専念できる． ◆プレゼン中の不具合に素早く対応できる． ◆質問内容に該当するスライドを素早く見せることができる．	◆発表者とのタイミングを合わせるために練習時間を割く必要がある．
なし	◆発表者のペースでスライドを切り替えることができる． ◆レーザーポインターなどを用いると，スクリーンの前でポインターで指しながら発表できる．また，スライド切り替えもできる．	◆発表者自身が画面切り替えも行うので，発表原稿を暗記するくらい練習する必要がある．

(2)　スライドショーを実施する際に知っておくと便利な機能

作成したPowerPointをスライドショーで用いるパソコンのキー操作には，表4.3に挙げたようなものがあります．これらは知っておくと便利です．

なお，キーボード操作では F5 からスライドショーを始めることができます．

また，発表者ツールという機能もあります．これは，発表者のパソコンでは見えるが，プロジェクターなどにはスライド画面しか投影されないという便利な機能です．図4.9，図4.10に発表者ツールの利用の仕方と画面の紹介を示し

表4.3　スライドショーを実施するうえでの代表的なキー操作

	使用するキーと操作	機　能
スライドショーの開始	F5	スライドショーを最初のページから開始
	Shift + F5	現在表示しているスライドからスライドショーを開始
スライドショー開始後のキー操作	Enter　↓　→　Page Down	次のスライドへ進む マウスクリックでも同様
	↑　←　Page Up	1つ前のスライドへ戻る
	スライド番号に続けて Enter	指定した番号のスライドを表示
	B こ	画面全体を黒くする （もう一度押すと戻る）
	W て	画面全体を白くする （もう一度押すと戻る）
	Esc	スライドショーを終了する
その他	Alt + F5	発表者ツールの表示
	Alt + W て + I に	スライド一覧の表示

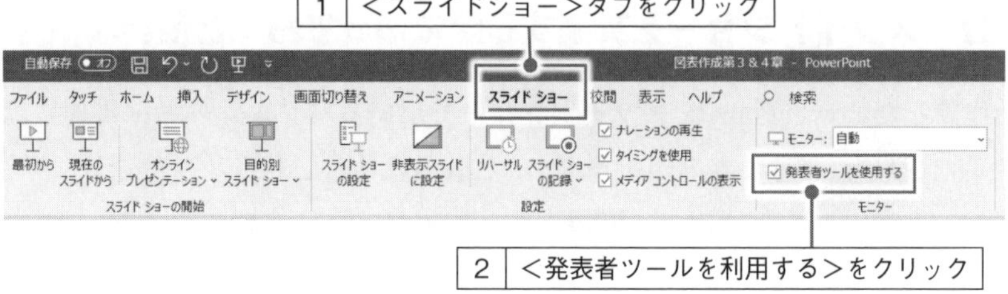

1 ＜スライドショー＞タブをクリック

2 ＜発表者ツールを利用する＞をクリック

図 4.9　発表者ツールを利用する

図 4.10　発表者ツール画面

ます．

もしも図 4.10 のように発表者ツールになっていない場合には，スライドショー画面のまま右クリックすると図 4.11 のようなダイアログボックスが出ま

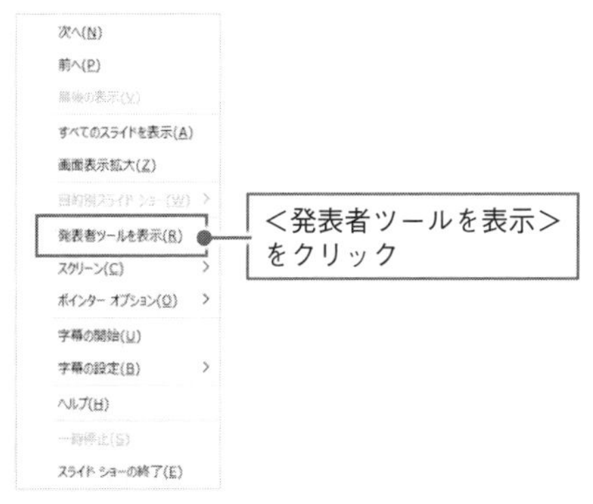

図 4.11　発表者ツール画面への切り替え方

すので，＜発表者ツールを表示＞をクリックして，発表者ツール画面に切り替えてください．

(3)　スライド・発表原稿の微調整

プレゼンのリハーサルでは，発表全体の流れ，特に論理的につながったストーリーとなっているか，わかりやすい発表となっているか，見やすいスライドか，全体での色使いのバランス，文字の大きさ，口頭説明とスライドとの整合性，声の大きさ，などを多くの方にチェックしてもらい，アドバイスなどを受けます．その後，微調整を実施することによって，より完成度がアップしたプレゼンになります．

(4)　質疑応答への対応

発表会には，社内での部門別大会，全社大会やQCサークルの本部大会，支部・地区での大会，業界別の大会などさまざまな種類があります．また，体験事例(改善事例)を中心とした大会，運営事例を中心とした大会などもあります．

このような発表会では，質疑時間を設けている大会と設けていない大会とがありますので，事前に確認しておきましょう．また，質疑時間がある大会ではリハーサルの段階で，ある程度の質疑応答対策が必要です．そのためにも，リハーサルの段階では必ず想定質問を出してもらい，答える練習もしておきましょう．なお，質問に答えるのは発表者が基本ですが，パソコン操作者や応援で聴講しているサークルメンバーでも何ら問題ありません．

4-4　リハーサル実施後の見直し・修正

貴重な時間を割いて多くの方に協力してもらい実施したリハーサルですから，いただいた助言は真摯に受け止めて，スライドや発表原稿の見直し・修正に役立てます．これをしなければ，ただの時間の浪費になってしまいます．

1点だけ注意が必要です．多くの人から助言をもらうと，まったく反対のことを言う人がいたり，自分たちとは違う方向性での修正を求められたりすることがたまにあります．このようなときには，自分たちがよいというものを選択するようにしてください．なぜならば，自分たちのサークルの発表だからです．助言内容はどれも真摯に受け止めたうえで，最終的には自分たちがよいと思ったものだけを採用するのです．そうでないと，悔いが残ってしまいます．

許されるのならば，見直し・修正後にもう一度リハーサルの場を設けることができると最高です．少なくとも，同じ職場の方々には声掛けをして，再度リハーサルを実施しましょう．

4-5　報告書（要旨）の作成

第3章3-1節で述べたように，報告書（要旨）は非常に大切なものです．報告書（要旨）の重みづけについては，発表会や大会主催者に確認するしかありませんが，報告書(要旨)が一般的に求められる内容は表 4.4 のようになります．

QC サークル支部・地区の大会においては，審査員による評価の結果で賞を授与するものもあります．このような大会・発表会では，審査員は報告書(要旨)を読み込んで一次評価するのが常です．なぜならば，PowerPoint を用いてのプレゼンそのものは，その場で消えてなくなってしまいますが，報告書(要旨)だけは貴重な資料として後世に残すことができるからです．極論をいうならば，報告書(要旨)の出来栄えが賞の優劣に大きく影響します．発表会での審査なのだから，プレゼンさえよければ優秀な賞がもらえる，と考えるのは間違いなのです．もちろん，発表を聞いた後に最終審査を行うので評価結果の変動はありますが，まずはしっかりした報告書(要旨)を作成し，プレゼンしたい内容，伝えたいことを正しく理解してもらえる発表となるように努めてください．

PowerPoint のスライドを単に並べただけの報告書(要旨)をよく見かけます

表 4.4　報告書(要旨)の規模と求められる内容

要旨の規模	どのような内容を求められるか	大会・発表会のイメージ
要約のみ	200 文字程度，400 文字以内などで発表内容を要約する	社内大会 社内大会選抜のための部門別大会
1～2枚	改善を進めた各手順の中での重要なポイントのみに的を絞り，まとめる 3～4つくらいのグラフや手法は必須	社内大会 社内大会選抜のための部門別大会
3～6枚	改善の手順に沿って図解化したデータを用いてまとめる やってきたことすべては記載できないので，発表の中では重点的に解説するなどの重点指向も大切	社内大会 QC サークル本部大会 QC サークル支部・地区の大会 業界や団体などでの発表会
10 枚	2～3年にわたっての QC サークル活動の運営状況がわかるように，2つの改善事例を交えてまとめる	QC サークル本部主催の運営事例選抜大会 QC サークル支部主催の運営事例大会

が，これでは不十分です．なぜなら，プレゼンはPowerPointによるスライド資料(見せるもの)と口頭説明(聞かせるもの)から成り立っているからです．スライド資料だけの報告書(要旨)では口頭説明の内容が抜け落ちてしまい，情報量が減ってしまいます．そこで，報告書(要旨)の作成の仕方によるメリットとデメリットを表4.5にまとめました．

参考までに，報告書(要旨)の作成の仕方の違いによる例示を図4.12(スライドと発表原稿の一部)，図4.13(重要な図表と解説の組合せ)に示します．

表4.5　報告書(要旨)の作成の仕方によるメリットとデメリット

要旨の規模	メリット	デメリット
PowerPointのスライドのみを貼り付け	完成したスライドを貼り付けるだけなので，簡単にでき，時間も要さない	口頭説明による情報がまったく盛り込まれない
PowerPointのスライドと発表原稿の一部	PowerPointのスライドだけでなく，発表原稿でしか触れない点や強調したい点を短文で示せる	発表原稿のどの部分を記載すべきかの検討が必要，作成に少し時間を要する
PowerPointの重要な図表と解説の組合せ	図表と解説が一体化されているので，要旨を読むだけで内容がわかりやすい 必要な図表をもれなく掲載することができ，図の大きさも変更が可能	要旨の構成を検討するのが大変，作成するのにかなり時間を要する

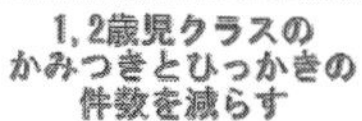

都道府県名　東京都
法人名　社会福祉法人至誠学舎立川
施設種別　認定こども園
施設名　代々木至誠こども園
サークル名　危険バスターズ
発表者氏名　金子郁里　中村駿晃　加山彩
機械操作　中村駿晃

・職場紹介

幼稚園と保育所の機能を併せ持つ認定こども園として、一人ひとりが主体的に生活できるよう保育と教育に心を注いでいます。また地域の交流の場としての繋がりを深めています。

・サークル紹介

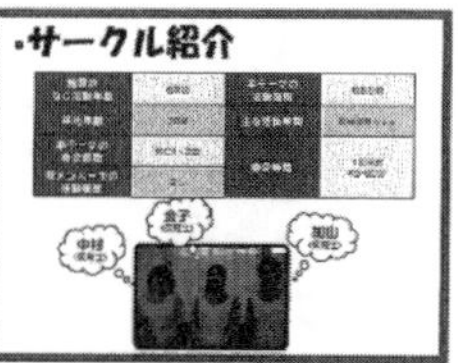

平成30年度のメンバーです。
本活動を通して、更なるコミュニケーションのアップをはかっています。

施設長からのコメント
実践者(サークル)に一言
須加尾先生に昨年に引き続きご指導いただきました。ありがとうございます。今年度は昨年の各お部屋でのけがが気になり、けがの軽減について取り組みを考え迷っている際に、アドバイスを頂き、お部屋を絞り込み変更して取り組みをしてきました。目標達成は届かなかったようですが、この取り組みでの気づきを今後にぜひ生かして、推進者としてメンバー全員に期待します。

施設長からのコメントでは、QC活動を通して多くのことを学んだのだから、今後は推進者として頑張って欲しいと期待されています。

テーマ選定
昨年度、園全体におけるヒヤリハットの件数が191件、事故の件数が206件だった。そのうち1, 2歳児クラスにおけるヒヤリハットや事故でかみつきとひっかきが57件と一番多かった。

テーマ選定　テーマの絞り込み
・0歳児クラスは成長の過程から転倒などの事故が多く、3～5歳児クラスは怪我の要因が多いため、1.2歳児クラスを対象とした。
・1.2歳児クラスにおけるヒヤリハットや事故の要因としてかみつきが40件、ひっかきが22件と多いためテーマの対象とした。

ヒヤリハットと事故の件数が多く他エリアと比べ対処要因のほとんどが「かみつき」、「ひっかき」と明確だったため対象を1、2歳児に絞りました。

ヒヤリハットと事故の定義
「危険だと感じた、怪我等をするまでに未然に防げたことをヒヤリハット」
「怪我をしてしまったことを事故」
と定義します。
ヒヤリハット ← していない　怪我　してしまった → 事故
例：腕に噛みつき怪我をした→事故
腕に噛みつこうとしたがよだれがついただけだった→ヒヤリハット

怪我をしたら「事故」、怪我はしていないが怪我に繋がる事象を「ヒヤリハット」と定義しています。

事故が起きる原因

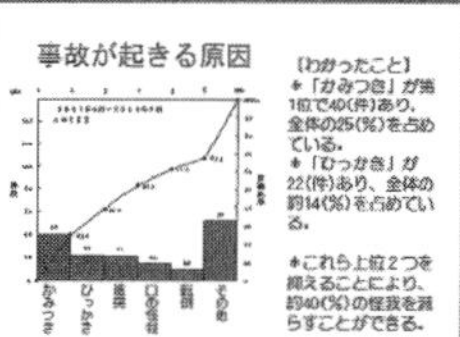

【わかったこと】
＊「かみつき」が第1位で40(件)あり、全体の25(%)を占めている。
＊「ひっかき」が22(件)あり、全体の約14(%)を占めている。
＊これら上位2つを抑えることにより、約40(%)の怪我を減らすことができる。

テーマ選定
1.2歳児クラスの
かみつきとひっかきの
件数を減らす

「1、2歳児クラスのかみつきとひっかきの件数を減らす」ことをテーマに決め　活動していくことにしました。

事故の推移

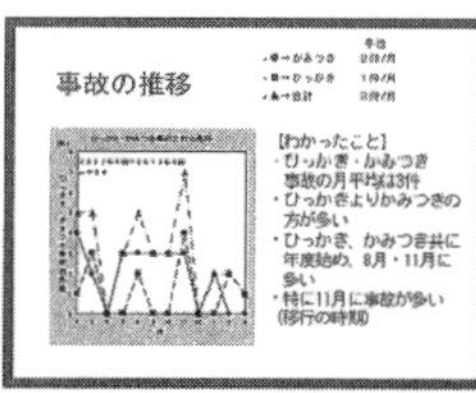

【わかったこと】
・ひっかき・かみつき事故の月平均は3件
・ひっかきよりかみつきの方が多い
・ひっかき、かみつき共に年度始め、8月・11月に多い
・特に11月に事故が多い(移行の時期)

2017年度のひっかき、かみつき事故の推移です。かみつき事故が多くひっかきと合わせて11月に集中しています。

かみつき事故の起こる場所

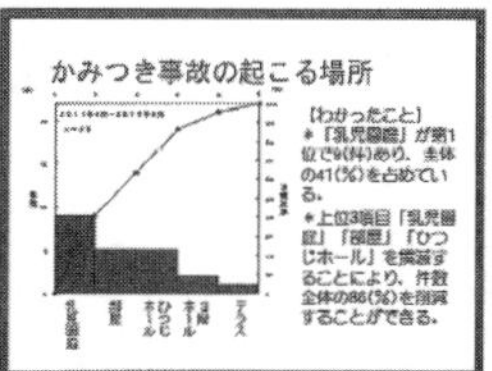

【わかったこと】
＊「乳児園庭」が第1位で9(件)あり、全体の41(%)を占めている。
＊上位3項目「乳児園庭」「部屋」「ひつじホール」を撲滅することにより、件数全体の86(%)を削減することができる。

ひっかき事故の起こる場所

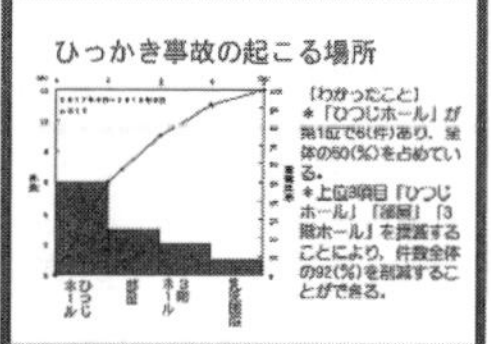

【わかったこと】
＊「ひつじホール」が第1位で6(件)あり、全体の50(%)を占めている。
＊上位3項目「ひつじホール」「部屋」「3階ホール」を撲滅することにより、件数全体の92(%)を削減することができる。

図 4.12　報告書(要旨)の作成の仕方①「スライドと発表原稿の一部」

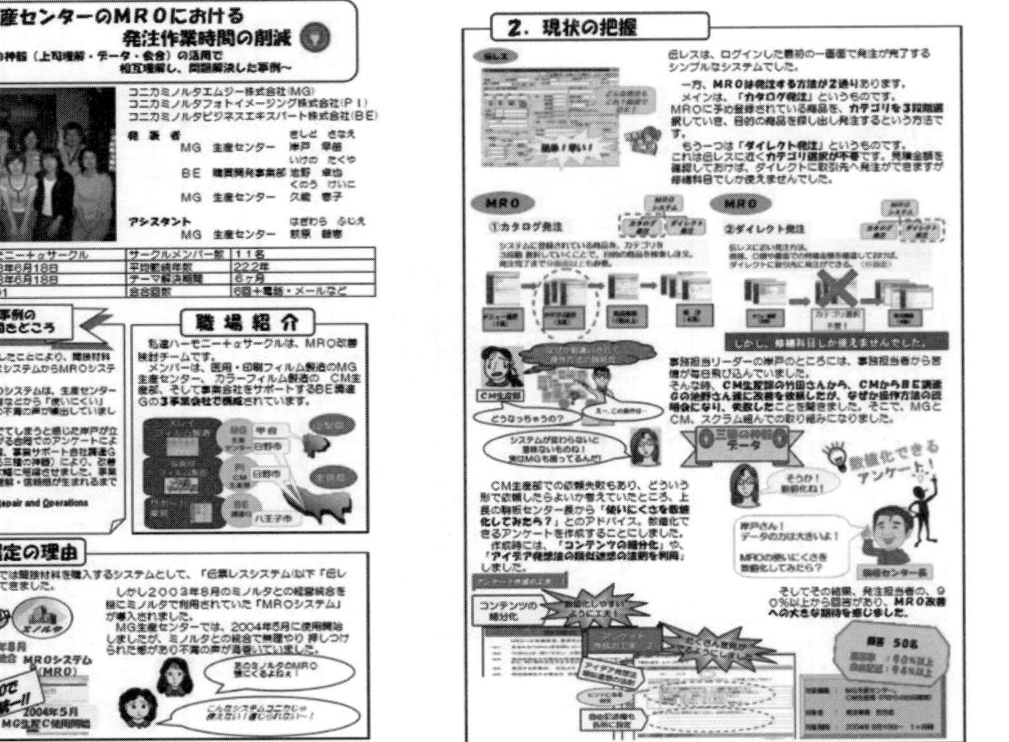

MG生産センターのMROにおける
発注作業時間の削減
~三種の神器（上司理解・データ・会合）の活用で
相互理解し、問題解決した事例~

コニカミノルタエムジー株式会社(MG)
コニカミノルタフォトイメージング株式会社(PI)
コニカミノルタビジネスエキスパート株式会社(BE)

発表者
MG 生産センター 岸戸 早苗（きしど さなえ）
BE 購買開発事業部 池野 卓也（いけの たくや）
MG 生産センター 久能 恵子（くのう けいこ）

アシスタント
MG 生産センター 萩原 ふじえ（はぎわら ふじえ）

サークル名	ハーモニー＋αサークル	サークルメンバー数	11名
サークル結成	1998年6月18日	平均勤続年数	22.2年
サークル登録	1998年6月18日	テーマ解決期間	6ヶ月
本部登録番号	56-91	会合回数	6回＋電話・メールなど

発表事例の見どころ聞きどころ

コニカとミノルタが統合したことにより、間接材料の購買がそれまでの伝票レスシステムからMROシステムに変更となりました。

しかし、導入されたMROシステムは、生産センターにはマッチせず、事務担当者などから「使いにくい」「時間がかかり過ぎる」との不満の声が噴出していました。

これでは、業務に支障がでてしまうと感じた岸戸が立ち上がり、事業会社をまたがる合同でのアンケートによるデータの活用、上司の理解、事業サポート会社調達Gとの会合（改善活動における三種の神器）により、改善を実施し、発注作業時間を大幅に短縮させました。事業サポート会社調達Gと相互理解・信頼関係が生まれるまでを発表します。

※MRO＝Maintenance, Repair and Operations

職場紹介

私達ハーモニー＋αサークルは、MRO改善検討チームです。

メンバーは、医用・印刷フィルム製造のMG生産センター、カラーフィルム製造の CM生産部、そして事業会社をサポートするBE調達Gの3事業会社で構成されています。

1．テーマ選定の理由

旧コニカの日野サイトでは間接材料を購入するシステムとして、「伝票レスシステム(以下「伝レス」と省略)」を利用してきました。

しかし2003年8月のミノルタとの経営統合を機にミノルタで利用されていた「MROシステム」が導入されました。

MG生産センターでは、2004年5月に使用開始しましたが、ミノルタとの統合で無理やり押しつけられた感があり不満の声が渦巻いていました。

2．現状の把握

伝レスは、ログインした最初の一画面で発注が完了するシンプルなシステムでした。

一方、MROは発注する方法が2通りあります。

メインは、「カタログ発注」というものです。MROに予め登録されている商品を、カテゴリを3段階選択していき、目的の商品を探し出し発注するという方法です。

もう一つは「ダイレクト発注」というものです。これは伝レスに近くカテゴリ選択が不要です。見積金額を確認しておけば、ダイレクトに取引先へ発注ができますが修繕科目でしか使えませんでした。

事務担当リーダーの岸戸のところには、事務担当者から苦情が毎日飛び込んでいました。

そんな時、CM生産部の竹田さんから、CMからBE調達Gの池野さん達に改善を依頼したが、なぜか操作方法の説明会になり、失敗したことを聞きました。そこで、MGとCM、スクラム組んでの取り組みになりました。

CM生産部での依頼失敗もあり、どういう形で依頼したらよいか考えていたところ、上長の駒坂センター長から「使いにくさを数値化してみたら？」とのアドバイス。数値化できるアンケートを作成することにしました。

作成時には、「コンテンツの細分化」や、「アイデア発想法の類似連想の法則を利用」しました。

そしてその結果、発注担当者の、90%以上から回答があり、MRO改善への大きな期待を感じました。

図 4.13　報告書(要旨)の作成の仕方②「重要な図表と解説の組合せ」

第5章 発表(プレゼン)の実施

第5章では，発表(プレゼン)の実施について解説します．報告の主体となる改善活動もさることながら，これまで準備してきた資料の出来栄えやリハーサル練習での苦労を乗り越えて，発表する側と聴講する側との共感・共有が実現できるか，「魅力あるプレゼン」の本領を発揮する場面となります．プレゼン実施におけるポイントを十分理解し，感動的なフィナーレをめざして頑張ってください．

5-1 プレゼン本番に向けて

大勢の観客の前でプレゼンすることは，誰にとっても安易なものではありません．経験者であってもそうですし，もちろんはじめてのことであればなおさらです．本番を前にして，緊張を避けるのではなくうまく付き合うことが重要となりますし，そうした緊張や不安とうまく付き合うためには，相手(＝発表会全体の流れ)を知ることが最大の対策となります．プレゼンが無事終了するまでの流れ(プロセス)や留意する点，その際の対処手段など，事前に想定し訓練をしておけば，頭の中が真っ白になることを防ぐこともできます．

プレゼン本番に向けて，本章の内容をチェック項目として確認し頭に置くことで，自信に満ちた「魅力あるプレゼン」につなげていってください．

(1) プレゼン本番の全体的な流れ

社内の発表会や，社外(本部・支部・地区など)の発表大会でも，一般的な本番での流れは以下のとおりです．実際のプレゼンスタイル(発表会種類や発表時間・目的など)によっても違いがありますので，主催者(担当者・事務局)に流れを確認したうえで臨んでください(図 5.1 参照)．

1) プレゼンへの事前準備をする

- 発表要領の事前読み込み(熟読)
- 使用機器や資料の確認と準備(バックアップデータ含む)
- 持ち込むパソコンの事前設定や操作方法の確認

2) 発表会場(発表場所)での確認をする

- 発表会場への集合時間確認
- スライドの投影確認，舞台位置やマイク状況の確認
- 主催者との打合せ(タイムスケジュール，会場内連絡手段など)
- 質疑応答の手段確認(発表者が仕切るのか，司会・座長がとりまとめるか)

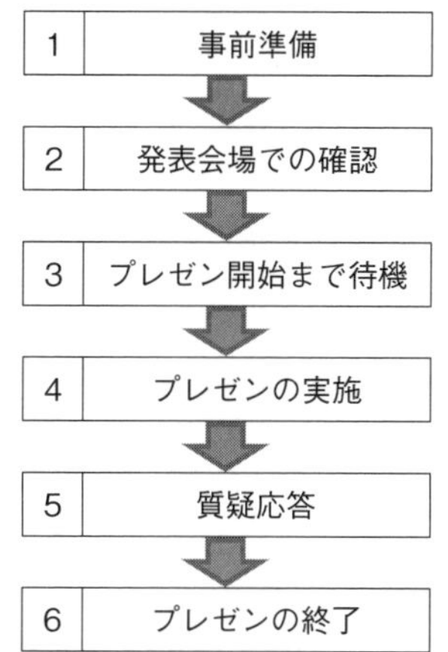

図 5.1　プレゼン本番での主な流れ

- 登壇・降壇手段(動線・合図など)や，プレゼン開始までの待機場所確認など

3)　プレゼン開始まで待機する

- プレゼン前集合時間・場所の確認，パソコン起動のタイミングなど

4)　プレゼンを実施する

- プレゼン時間を計測する場合のスタート合図の確認
- スライドショーの開始

5)　質疑応答に応える

- プレゼン終了後のスライド表示と質疑応答への対応

6)　プレゼンの終了

- 次の発表者への引継ぎ
- 表彰式や写真撮影の有無と段取り確認

5-2 プレゼンの事前準備

リハーサルを踏まえて完成したPowerPointスライドを使って，いよいよプレゼンの本番です．悔いのないプレゼンとするためにも，あらかじめ準備・確認しておくべき点を紹介します．

(1) 発表要領の確認と，持参するプレゼン資料の確認

プレゼンに際して主催者側から配付される資料(発表要領など)がある場合は，熟読のうえ指示に従ってください．できれば発表者とパソコン操作者など，複数人で確認することも大切です．当日に持参するバックアップデータ(プレゼン資料)は，持ち込むパソコン以外で読み込めるかどうか確認するとよいでしょう．

(2) 持ち込むパソコンの事前設定や操作方法の確認

社内で使っているパソコン・液晶プロジェクター，発表会場(スクリーン，投影場所)であれば使い勝手も承知していますが，QCサークル発表大会のような場合，舞台の明るさやスクリーンのサイズなど，主催者側で用意された機器や会場によってトラブルが起こることがあります．プレゼンを行う前には，以下の点に注意が必要です．

1) 使用するパソコン搭載のソフトウェア(PowerPoint)バージョン確認

パソコンのOSやPowerPointのバージョンによって，操作方法やスライドの色合いが異なる場合があります．プレゼンの前にこれらを確認して，できれば同じ環境で事前投影してみるなど，トラブル発生を未然に防ぎましょう．

2) 持ち込むパソコンとプロジェクターとのケーブル接続確認

発表大会などで自分のパソコンを持ち込んで使用する場合，液晶プロジェクターと正しく接続できるか，プレゼンを行う前に確認することが大切です．

VGAケーブル(アナログRGB)接続やHDMIケーブルの利用可否，その他変換ケーブルを使う場合を含めて，あらかじめ確認しておきましょう(第4章4-1節)(4)「使用機器の再確認」を参照).

パソコン上のPowerPointは何ら問題ないのに，投影画面の発色に異常がある場合は，接触不良によるケースが多いようです．パソコン側とプロジェクター側それぞれの端子ならびにコード(特に接点近く)の確認を行い，よい条件が見つかれば応急処置を実施してください．コードそのものを交換するのも有効です．

3) 外部ディスプレイ(プロジェクター)への画像出力

パソコン画面のプロジェクターへの出力は，動作環境を自動検出してくれるものもありますが，手動出力する場合は，Fn(ファンクションキー)を使う方法(表5.1参照)と，(Windowsキー)を使う方法(図5.2参照)があります．どちらの手段も，一度は操作方法を試しておくようにしましょう．パソコン画面と同じ内容を外部出力するには「複製」を選択します．

① パソコン解像度の変更

発表会場で使用するプロジェクターとの接続や，投影するスクリーンサイズが合わない場合(上下・左右がはみ出すなど)，また外部モニターへ直接出力する場合には，パソコン側の解像度を変更する必要があります．現在のパソコン側の設定は，＜設定＞→＜システム＞→＜ディスプレイ＞で確認ができます(図5.3参照).

一般的には，スタンダードXGAサイズ(縦横比4：3，1024 × 768)や，リイ

表5.1 ファンクションキーを使った出力切替え方法(主なPCメーカー別)

東芝	富士通	NEC	SONY	Panasonic	HP
Fn + F5	Fn + F10	Fn + F3	Fn + F7	Fn + F3	Fn + F4
DELL	**Lenovo**	**EPSON**		**Mac**	
Fn + F8	Fn + F7	Fn + F7 または Fn + F8		コントロールパネルの調整でミラーリング設定	

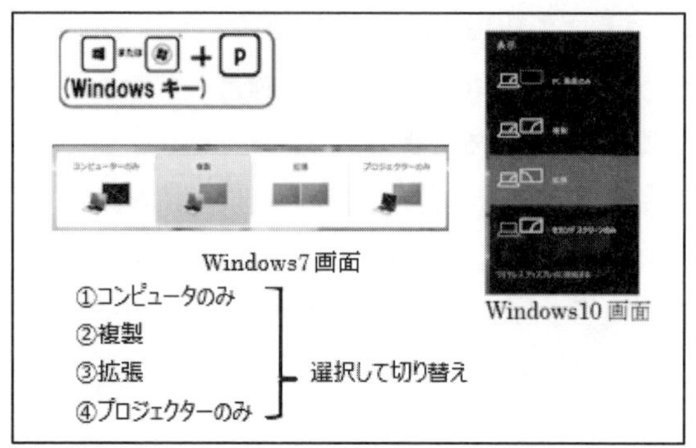

図 5.2　キーボードを使った出力切替え方法

図 5.3　出力画面の解像度設定(Windows10 の例)

ドサイズ(16：9, 1280 × 720), ワイド XGA サイズ(16：10, 1280 × 800)ですが, 出力環境に合わせて調整します. ただし, 発表後に元に戻せるように, 元々の設定(パソコン画面サイズ)を控えておくのがよいでしょう. 作成したスライドサイズとの整合も考慮する必要があります(第 3 章 3-2 節(3)手順 3 「スライドのデザインとサイズを設定する」を参照).

② 持ち込むパソコンでの事前設定

プレゼン実施中に思わぬ事態が起こらないよう，以下を事前設定しておきます．

a) パソコン立上げ時にパスワード設定があれば操作者自身が把握しておく

b) パソコン画面や電源スリープ設定を解除する(第4章4-1節(2)を参照)

c) スライドショーの設定が本番用になっているか確認しておく

d) モニターの省電力設定や電源コードやマウスなどの周辺用品を忘れずに持参する

e) バッテリー駆動でパソコンを使う場合は，発表前にフル充電しておく

5-3 発表会場(発表場所)での確認

発表会当日は，早起きをして普段と違った出勤風景にもなります．遠路の発表会場へ向かう場合もあり，時間に余裕をもって行動するように心がけましょう．

発表会場に到着したら，事前の発表要領に従った集合場所や控室に行き，主催者側の担当者や事務局に確認したうえで，以下に述べる(1)投影確認，(2)プレゼン位置やマイク状況の確認，(3)プレゼンまでのタイムスケジュールの確認などを行うとよいでしょう．一般的な社外大会(本部・支部・地区の発表会)では，これらの確認時間が設けてありますので，その指示に従います．

(1) 発表会場でのスライド投影確認

発表会が開会される前の準備時間を利用して，実際に使うパソコンとプロジェクターとを接続して，スクリーンに投影します．このとき，実際のプレゼンと同じようにスライドショーを行い，配色やアニメーション動作に問題がな

いかを確認するとよいでしょう．

(2) 舞台上での立ち位置・マイク状況の確認

発表者・パソコン操作者の立ち位置や発表順番，会場レイアウト，時間段取りなどの確認を行い，プレゼン本番までのシミュレーションをすることが大切です（図 5.4 参照）．また可能であればマイクに向かって実際に声出しをすることもよいでしょう．客席との距離や，演台からスクリーンの見え方，スポットライトの位置などを事前に確認しておくことで，プレゼン本番での緊張を和らげることにもなります．

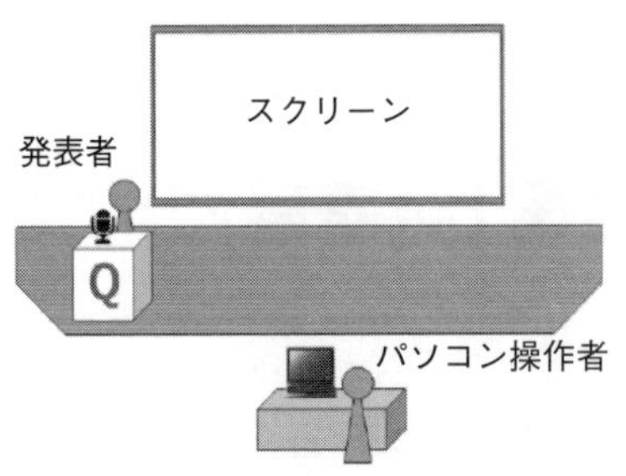

図 5.4　発表会場のレイアウト例

(3) タイムスケジュールの確認

プレゼン準備と並行して，発表会主催者側とタイムスケジュールや連絡手段の確認をします．具体的には，プレゼン時の登壇・降壇の要領，質疑応答がある場合の段取り，プレゼン開始までの待機位置などです．こうした説明を受けるときには，できれば発表者とパソコン操作者など，複数人で聞いておくのがよいでしょう．

5-4　プレゼン開始まで

自分の発表順になるまでの時間は，とても長く感じられ，落ち着かないのは仕方ありません．他の発表者の動きを確認する，会場や聴講者の雰囲気を感じる，他者(他社)事例のよい点を見つけるなど，余裕と少しの緊張をもって発表順を待ちます．

そして，発表順に合わせてどのタイミングで舞台袖に移動するか，またいつパソコンを起動するかは，主催者側の指示に従って準備します．時間に余裕をもち，あわせてムダのないタイミングで行動してください．

5-5　プレゼンの実施

いよいよプレゼンのスタートです．多少の失敗は愛嬌と開き直って，自信をもち堂々と進めてください．

(1)　プレゼンスタート合図の確認

一般的なプレゼンでは，司会者や座長の指示でプレゼンを開始します．また発表時間を計測する場合もあり，第一声をどのタイミングからスタートするのかをシミュレーションしておきましょう．声の出し始めは，一呼吸おいて(深呼吸を1つ)，小さめの低音から始めるのがよいでしょう．

(2)　スライドショーの開始

PowerPoint におけるスライドショーの開始は，パソコン画面右下の表示選択ショートカットから，＜スライドショー＞をクリックする方法(図5.5参照)，上部「リボン」の＜スライドショー＞タブより＜最初から＞をクリックする方法(図 5.6 参照)，F5 を押す方法があります．いずれかの手段を使って，スライドショーを実行します．

スライドショーの開始以外にも，指定するスライドへの移動操作やスライド一覧の表示など，パソコンのショートカットキー機能を活用した便利なキー操作があります．これらについては，表 4.3(p.107)を参照してください．

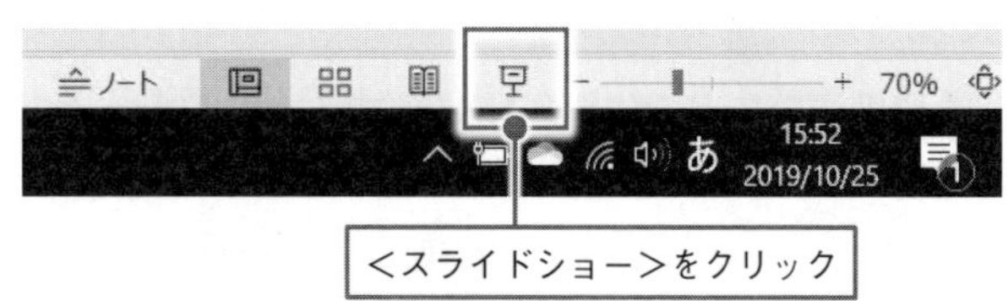

図 5.5　表示モードからスライドショーを始める方法

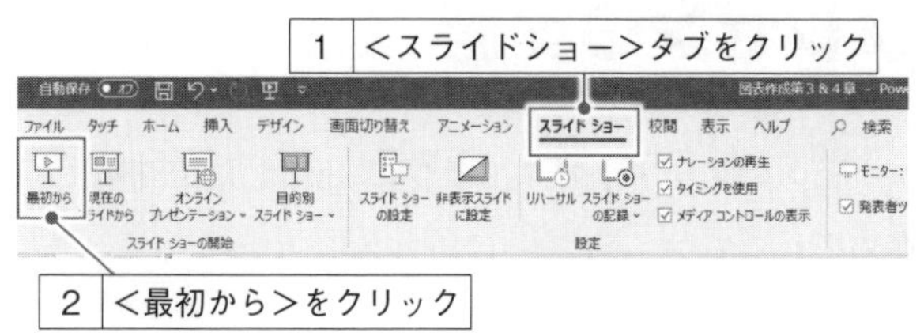

図 5.6　リボンからスライドショーを始める方法

5-6　質疑応答

QC サークル活動における発表会の目的には，「発表する側と聞く側とが共感・共有することによって双方のメリットを生む」があります．そのため一般的な発表会では，プレゼン内容をより深く理解するため，質疑応答の時間を設けています．質疑応答に関する注意点を以下に示します．

(1) プレゼン終了後のスライド表示

第1章Q24にもあるように，プレゼンによる事例発表終了後のスライドの状態としては，「スライド一覧を表示して質疑応答に備える」のがよいでしょう(第3章3-2節(2)を参照)．＜表示＞→＜スライド一覧＞，またはステータスバーの＜スライド一覧＞をクリックして表示します(図5.7参照)．質問者や講評者の指示があったら，当該スライドをクリックし，Shift＋F5を押してそのスライドからスライドショーを実施します．

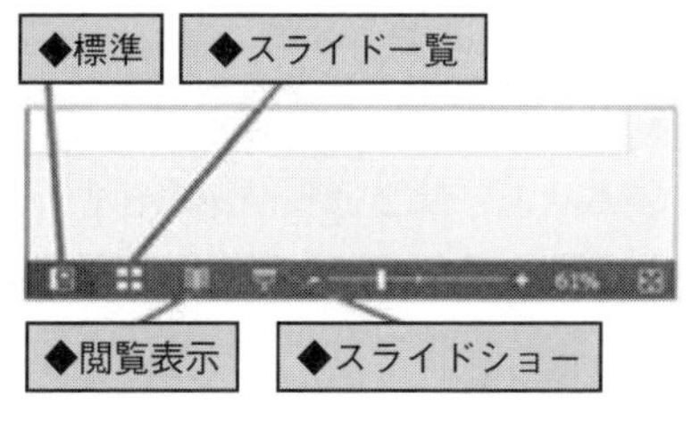

図5.7　スライド一覧の表示

(2) 質疑応答のポイント

質疑応答は，質問者にとっては学ぶべき点を具体的に知ることによって自らの活動に活かすことができ，回答者は納得が得られることで満足感を得ることができます．単に報告するだけで会場からは何も反応がないプレゼンとならないよう，発表者と聴講者との一体感をはかるようにしてください．とはいえ，質問の意図が正しく汲み取れなかったり，的外れの回答とならないように気をつけることも必要です．以下に，よくある質疑応答での対処方法を示します．

■質問は発表者が回答すべきか，補助者が回答したら評価に影響するか

⇒　発表者が回答するサークルが一般的ですが，パソコン操作者や会場で聴講しているメンバーが回答することもあります．発表者がすべての質問に

即答できるとは限りませんので，これを素早くキャッチしてほかのメンバーが助け舟を出すのもサークルの結束力です．いずれにしても，回答者が誰かによって評価に影響することはありません．

■質問の内容がわかりにくかった

⇒「聞き取れない部分がありましたので，もう一度お願いします」または「ただ今の質問は，○○の点についてでしょうか」など，必ず質問内容を反復してください．質問内容が曖昧なまま回答すると，質問者はチンプンカンプンで理解も納得もできません．質疑応答は，質問する聴講者は，発表内容や活動内容の理解を深め，また回答する発表者にとっては自分たちの活動を正しく理解してもらう場ですので，有意義な時間にしてください．

■予想外の質問で困ったときの対処方法は

⇒ 予想外の質問で困る状況には2通りがあると思われます．1つは，質問の内容は理解できるが回答が用意できていないケースです．この場合には「わかりません」とはっきり言ってください．もう1つは，質問の仕方が予想した角度と違うために戸惑うケースです．この場合には，「ただ今の質問は○○ということでよろしいでしょうか？」と確認してみてください．その結果，質問の内容が納得できてスムーズに回答できることがあります．

5-7　プレゼンの終了

プレゼンが無事終了し，会場からの拍手をもらうとホッとするものです．しかし，「立つ鳥後を濁さず」というように，観客にきちんと感謝の意を表して，次に控える発表者に気持ちよく引き継ぎましょう．

まずは、プレゼン前のパソコン準備と同様に，主催者側の指示に従って，持ち込んだパソコンの撤収やプレゼン資料の回収などを行います．また表彰式や記念写真撮影などが計画されている場合には，所定の席で引き続き待機します．間違っても，自分のプレゼンが終わったからといって仲間同士で騒いだり，他の発表者の迷惑になるようなことは慎んでください．当然，席を移動する(自分の席へ戻る)場合は，次の人のプレゼン実施中には避けることがルールです．

5-8 魅力的なプレゼンへのコツと心構え

大勢の観衆を前にして壇上でプレゼンすることは，誰もが緊張します．時にはあがってしまって，思考停止状態になることもあるでしょう．また，リハーサルでは伸び伸びとしていたのに，本番ではカタクなって味気ないプレゼンになってしまったという話もよく聞きます．カタクならず，魅力的なプレゼンとするためのポイントを以下に述べます．プレゼンのコツ(あがらないための工夫)を，表5.2にまとめましたので，併せて参考にしてください．

1) 自信をもってプレゼンする

自分たちが実際に行ってきた活動の成果，いわば体験談の発表なのですから，自信をもってプレゼンしてください．

2) わかりやすさが基本

どんなに素晴らしい活動内容でも，聞く人にわかってもらえないのでは意味がありません．まずは，わかりやすくプレゼンすることに努めてください．

3) プレゼンの実施を通してレベルアップ

プレゼンすることの大きなメリットは，活動経過をまとめることによって活動全般の振り返りができることです．問題解決の進め方，QC手法の書き方や使い方，サークルの運営のしかたなどについて，よかった点や悪かった点をきちんと反省する絶好の機会です．そして，プレゼン能力をつけることもできます．このチャンスをうまく利用して，さらに飛躍できるようにしてください．

表 5.2　プレゼンのコツ(あがらないための工夫)

早めに会場へ行き，開会前に壇上に上がって客席を見渡す
出番までの時間に，飴やお茶で喉を潤しておく
手足をブラブラしたり，首・肩・手首・足首を回すなどして身体を緩める
気楽な気持ちで演台に向かう.「うまくやらなくては」などと，結果を求めない
演台に上がったら，なるべく遠くの客席を見る
両足に重心を置いてドッシリと構えて立つ
第一声の出だしは，小さめの低音から話を始める
プレゼンの途中で，時間制限を気にしない
緊張したら客席から目を外して深呼吸をする
原稿を読みながら投影されたスクリーンを見る
積極的にプレゼンして自信をつける(場数を踏む)

5-9　プレゼン本番での留意点とよくあるトラブルへの対応

その他，プレゼン本番でよくあるトラブルや，いざというときに知っておくとよい対応手段をまとめました．参考にしてください．

(1)　レーザーポインターを使用する場合の注意点

プレゼンで訴えたいポイントや，注目して欲しい箇所を指し示すときに，「レーザーポインター」を使う場合があります．ただし人間の目は，明るいもの・動くものへの反応が敏感なので，使い方を誤るとかえって不快感をもたれます．会場によっては使用が禁止されている場合もあるので，使用する場合は事務局などに確認してください.

1)　点灯させたままにしない

プレゼン実施中にレーザーポインターが点灯したままで，壁や天井を動き回っては，聴講者はいろいろな所へ目が泳いで，落ち着いて聞いていられません．使用しないときは消すようにします.

2)　持ち方を工夫してゆっくりと動かす

プレゼンに夢中になって，スクリーン上をぐるぐる動かすことも厳禁です．ゆっくりと大きく動かすことを心がけましょう．またレーザーポインターの持ち方が悪いと，手元の小さな手振れがスクリーン上で大きく現れてしまいます．腕を体に添え，脇を締めることで手振れを防止できます.

3)　事前の操作練習を十分に行う

何事もそうですが，ぶっつけ本番は避けましょう．最近のレーザーポインターはプレゼン機能つきでボタンの数も多くなっています．また，プレゼン本番では，手元が暗い状態で使う必要もあります．事前の練習を十分にしておいてください.

(2)　パソコンマウス(矢印)の使用について

前述のレーザーポインターと同様ですが，プレゼン画面(スクリーン上)でマウスを使う場合にも注意が必要です．不用意な矢印の存在や移動は，聴講者がプレゼンに集中する気を削ぐことになります.

パソコンマウスの使い方の例として，＜スライドショー＞で Ctrl + L り を押せば，ポインタ形状を“レーザーポインター風”にできます(図 5.8 参照)．ま

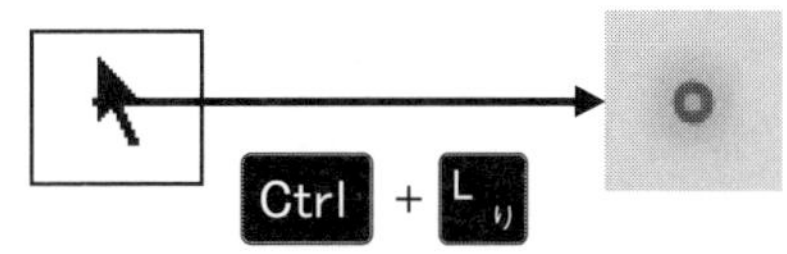

図 5.8　マウスポインタのレーザーポインター風への変更

た，Escで解除できます．

(3) パソコン操作者との呼吸合わせ

プレゼンの際は，緊張して平常心を失ってしまったり，口調が早くなったりということもあります．こうならないための工夫として，「パソコン操作者との呼吸合わせ」を行います．プレゼンを始めるときはもちろんのこと，プレゼンするスピードとパソコンの操作がうまくかみ合っているか，マイクからの声がきちんと出ているか，リハーサルどおりに進められているかなどについて，パソコン操作者は，冷静に発表者を見ることができますので，発表者とアイコンタクトをとりながらプレゼンを進めるとよいでしょう．

(4) パソコンがフリーズしたら…

あまり考えたくないことですが，プレゼンを始めようとしたとき，またはプレゼンの途中で，パソコンにトラブルが発生した場合の処置について以下に示します．

1) パソコンが今どんな状態かを見極める

思ったようにアプリケーションが動作しない場合，何が原因かの見極めが大切です．スライドにアニメーションや写真・動画を多用すると，容量が大きくなって読み込み時間がかかることもあります．また本書で使用しているMicrosoft 365はクラウド型ですので，ネットワーク障害の問題も想定されます．

2) 主催者に助けを求めて指示に従う

発表会は主催者側との共同作業です．設備の不具合や突然のアクシデントに気づいたら，手をあげたり声に出したりしてスタッフに伝えましょう．主催者側で準備された対処(例えば予備パソコンへの切替え)に従うことがベストです．USBなどを使った作成データの持出しが不可能であれば，事前に予備パソコンを自分たちで準備しておきます．

3）　アプリケーション（PowerPoint）だけがフリーズした場合

マウスやその他システムが正常な場合には，アプリケーションのクローズボタン（×印）を何度かクリックするか，Ctrl + Alt + Del を押してタスクマネージャーを開き，該当アプリケーションプログラムを一旦終了させます．あるいはタスクマネージャーから強制的に「サインアウト」して，プログラムの再起動を行います．

4）　パソコンがまったく動かなくなった場合

すべての動作がフリーズして何も手がつけられない場合には，電源ボタンを長押し（通常4秒以上）して，パソコンをシャットダウンします．強制終了なので，最悪の場合はファイルなどのデータが破壊される可能性がある最終手段です．ハードディスクが動いているとき（アクセスランプが点灯しているとき）には，しばらく様子を見るのが無難です．

第6章

ＱＣサークル発表事例での よい点と直したい点

第６章では，より魅力的なプレゼン資料とするために，これまでに見てきた知恵を，実際の発表事例に照らして見ていきます．

サンプル事例について，左側のページに元の事例のよい点（よいところ，ポイントとなるところ）を，直したい点（欲をいえば直したいところ）について示し，右側のページに修正例を示していますので，皆さんも確認してみてください．

1

皆さんこんにちは．これより，パートフラワーズの改善事例発表を行います．

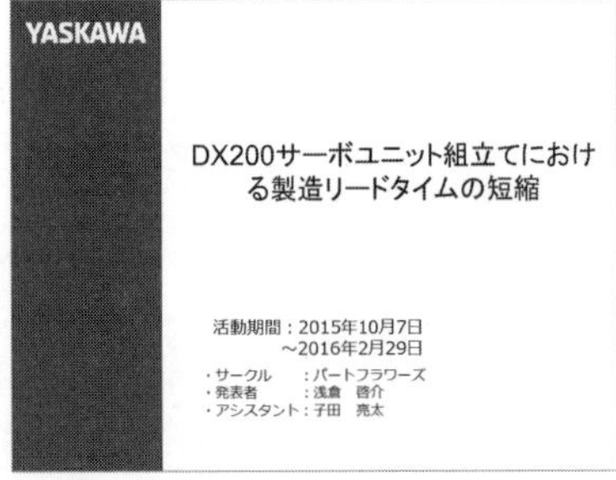

2

テーマは「DX 200 サーボユニット組立てにおける製造リードタイムの短縮」です．活動期間は 2015 年 10 月 7 日から 2016 年 2 月 29 日です．発表は浅倉，アシスタントは子田が行います．どうぞよろしくお願い致します．

3

会社紹介

私たちの会社「安川マニュファクチャリング」は，安川電機の製造部門が分社化され設立されました．全国でカンパニー制をとっており，九州に 6 つ，関東に 1 つ事業所があります．私たちの関東カンパニーは安川電機入間事業所内にあり，サーボモータ，リニアモータ，サーボユニット，モーションコントローラの製品製造を請け負っています．

◆プレゼンにおける【表紙，会社紹介，職場・サークル紹介】のページでは，必要以上に華美にならずに，これから発表する事例が「どんな会社(職場)で」，「何について」，「どうした事例なのか」がわかることが大切です．

【スライドNo.2：発表テーマ(事例タイトル)】

よい点：テーマの3要素(何について，どんな特性を，どうしたいのか)が明確なタイトルになっています．

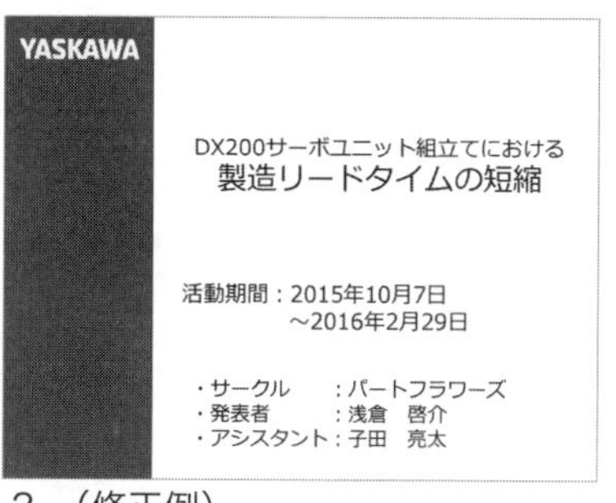

2　(修正例)

直したい点：スライドに使用するフォントサイズは，少なくとも「20ポイント以上」を基本としましょう．書体としては「メイリオ」をおすすめします．

【スライドNo.3：会社紹介】

よい点：聞く人が気になることは，職種，所在地，組織の規模などであり，これらの情報が明記されています．

3

直したい点：1つのスライドには，伝えたいことを1つに絞ることが大切です．2つ以上のこと(例えば，会社概要と取り扱う製品紹介)を伝える場合，スライドを別にするほうがよいでしょう．

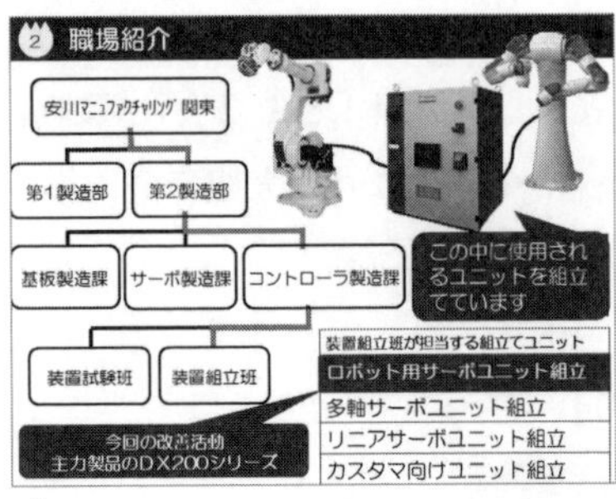

4

職場紹介

私たちは，第２製造部コントローラ製造課，装置組立班に所属し，ロボット制御装置の中に搭載されるサーボユニットの組立てをしています．装置組立班が担当するユニットには４種類あり，今回の活動は，ロボット用サーボユニット DX シリーズの組立て改善となります．

5

サークル紹介１

私たちパートフラワーズは，男性４名・女性３名の計７名で構成されています．ルール遵守においては優秀な職場であり，5S 活動評価では４年間連続社内１位，現在も１位を継続しているサークルです．平均勤続年数は５年３ヶ月と，まだまだわからないことがたくさんある若手中心のサークルです．

4 サークル紹介2　サークルレベル
メンバーの勤続年数が少ない為かサークルレベルは高くない…
少しでもレベルアップができるよう、リーダを中心に活動中！
作成日：2015.10.7　作成：パートフラワーズ

6

サークル紹介２

メンバーの勤続年数が少なく，サークルレベルは決して高くはありません．少しでもレベルアップできるよう，リーダーを中心に活動中です．

◆プレゼンテーマの背景となる仕事(工程)の概要説明では，専門用語はできるだけ避けて，組織図や職場の位置づけが，目で見てわかるように工夫します．これから紹介する事例の対象製品や業務・サービス内容が想像できるように，写真や図で示すことが効果的です．

【スライド No.4：職場紹介】

直したい点：改善対象とした製品(サーボユニット)がどのようなものか明確にしましょう．発表する当事者自分たちにとっては何でもない用語でも，聞いている人がイメージできるようにすることが大切です．

【スライド No.5：サークル紹介 1】

よい点：サークルの特徴やモットー，メンバーの構成が明確になっています．メンバーの年齢と職場勤続年数の散布図やサークルスキルレベルをレーダーチャートで表現するなどして，全体のバランスもわかります．また今回の活動を通じて，特に強調したいこと(達成したいこと)を明確にしています．

直したい点：サークル名“パートフラワーズ”の由来や，サークルのメンバー構成など，どんなサークルなのかが今ひとつわからず気になります．第2章 2-5 節にもあるように，スライドごと・活動ステップごとに何を伝えたいか，シナリオを明確にしましょう．

【スライド No.6：サークル紹介 2】

よい点：調査したデータや作成したグラフに，調査日・作成者・調査条件などの情報がきちんと入っています．

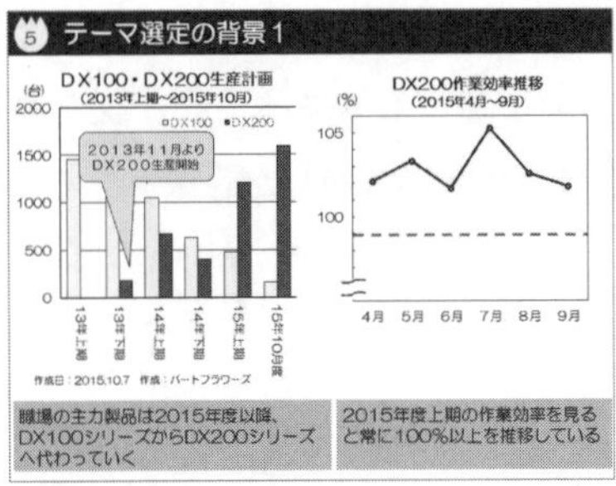

7

テーマ選定の背景1

職場の主力製品である「DXシリーズ」の，今後の生産見込みを調べたところ，2013年11月より新シリーズDX 200の生産が開始され，製品の主力がDX 100からDX 200に代わってきました．ただ，DX 200の作業効率は，問題があるように見えませんでした．

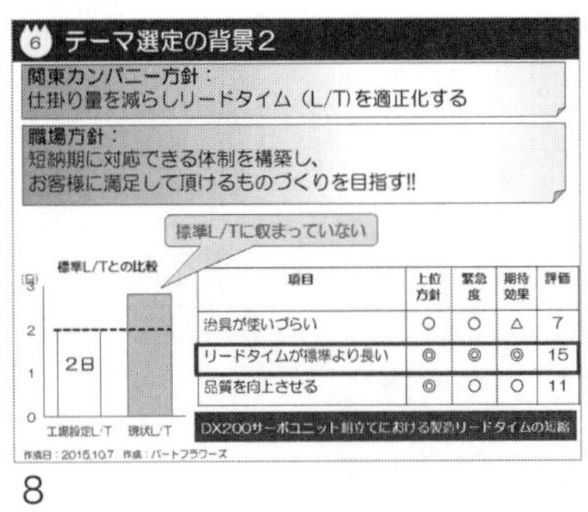

項目	上位方針	緊急度	期待効果	評価
治具が使いづらい	○	○	△	7
リードタイムが標準より長い	◎	◎	◎	15
品質を向上させる	◎	○	○	11

8

テーマ選定の背景2

上位方針と職場方針を踏まえ，組立てリードタイム(L/T)を調べてみると，標準組立てL/Tの2日に収まっていません．メンバーで問題点評価を行い【リードタイムが標準より長い】の評価点が高く，本テーマで活動を進めていくことにしました．

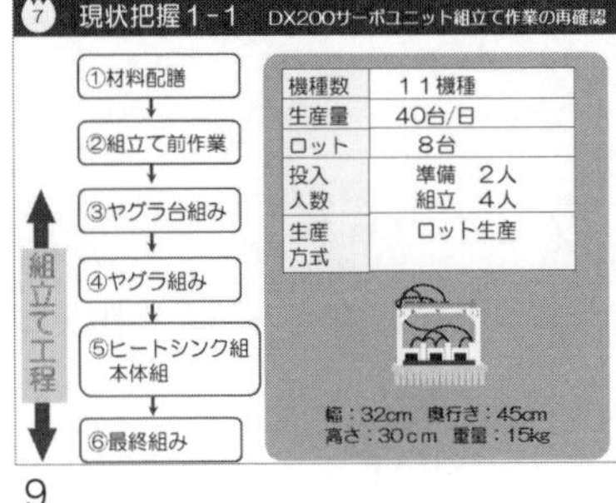

機種数	11機種
生産量	40台/日
ロット	8台
投入人数	準備 2人 組立 4人
生産方式	ロット生産

9

現状把握 1-1

作業効率はよいのになぜL/Tが長いのか，作業工程を調査することにしました．材料配膳から組立て前作業を行い，ここから組立て工程になります．ヤグラ台の組立て，扉・基板およびヒートシンク組み，本体組みの流れです．最終工程でケーブル配線，できばえチェックで完成です．

◆テーマ選定理由では，サークルや上位方針からの展開，これまでの活動での反省，現状の悪さ加減を客観的なデータで示すことが重要です．

【スライド No.7，8：テーマ選定の背景 1，2】

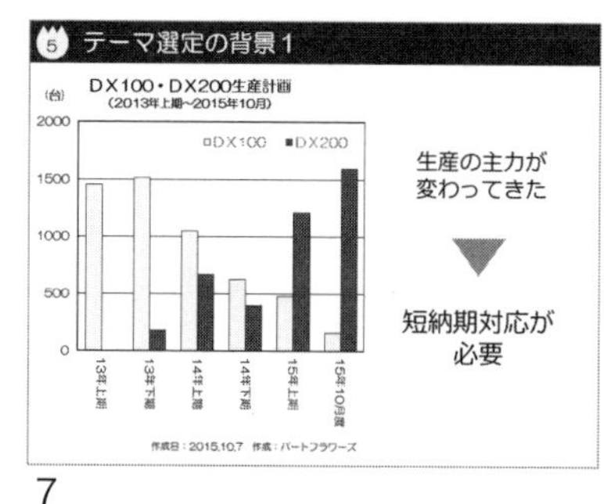

7

よい点：スライドマスターを上手に使って，各スライドの左上に“QC ステップ”を明記しています．現在のスライドがどこの説明なのか整理することができます．

また，職場の課題をデータ(事実)で表現しています．ただし客観的なデータであれば，どこの(誰の)データなのか，入手先を付記するとさらによいでしょう．

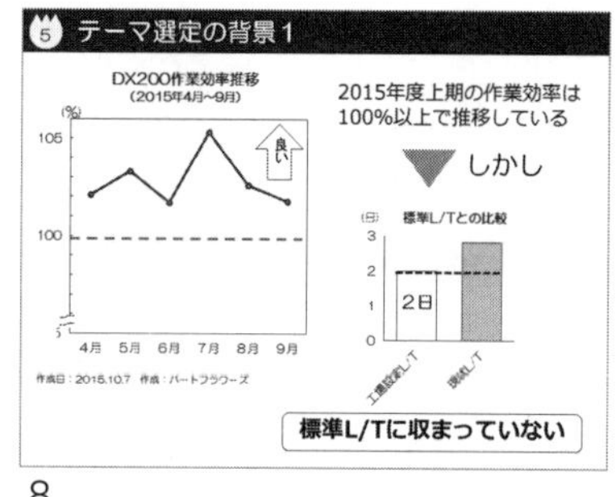

8

直したい点：推移グラフの目盛に上下(よい／悪い)がある場合には，大きいほうがよいのか，小さいほうがよいのかを明示するとよいでしょう．またグラフに吹き出しを入れるときは，グラフに重ならないようにしましょう．

スライド 1 枚に伝えることは 1 つ，がプレゼンの原則です．関連がありそうなデータや事柄をやみくもに掲載するのではなく，1 つに絞りましょう．併せて結論(わかったこと)を明記します．

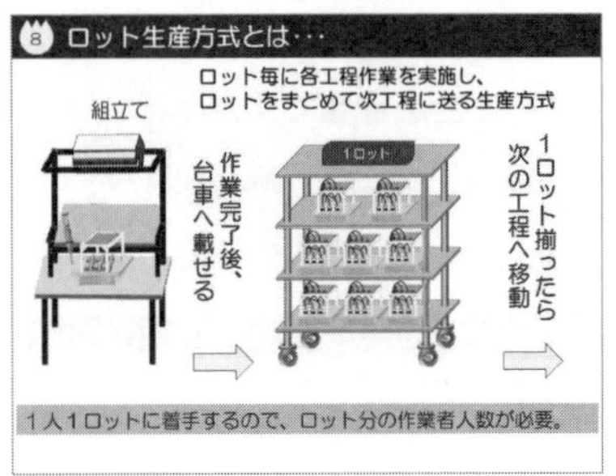

10

DX 200 サーボユニットはロット生産方式です．ロット生産方式とは，ロットごとに各工程の作業を実施し，まとめて次の工程に送る生産方式です．この工程では，1ロット8台を工程ごとに作業し，完了したら台車に載せ替え，次の工程に流しています．1つのロットを1人で作業するので，ロット分の作業者人数が必要となります．

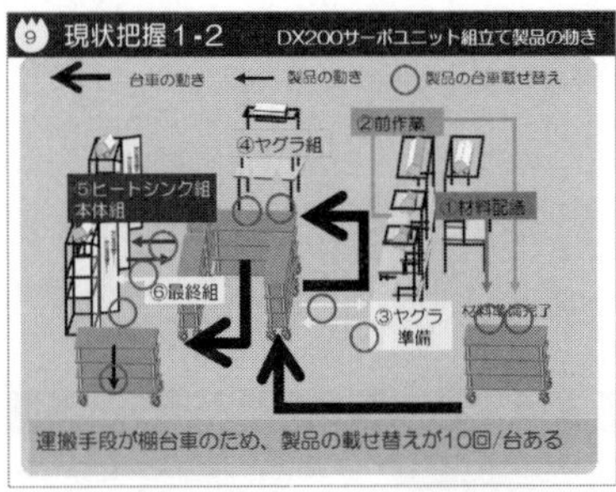

11

現状把握1-2

組立て工程の流れとともに，製品の動きを確認しました．配膳，前作業を終えた製品は，ロットごとに棚台車に載せて各工程を運搬します．そのため，完成するまでに1台あたり10回の台車への載せ替えが発生しています．

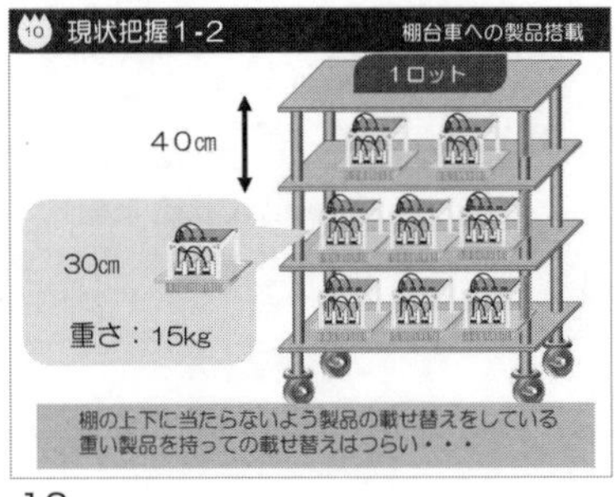

12

棚台車の上下間は40cm，製品の高さは30cm．棚の上下に当たらないよう，気を使いながら製品を出し入れしています．DX 200 サーボユニットの重さは約15kg．重い製品を持っての台車載せ替えはつらく，作業者の負担になっていました．

【スライド No.10, 11, 12】

直したい点：「矢印」(図形オブジェクト)は，目立ちすぎると伝えたいメッセージが薄れるので，大きさや太さ，配色に十分注意しましょう．因果関係や流れは矢印，結論は三角形など，プレゼン全体で統一してルール化するとよいでしょう．

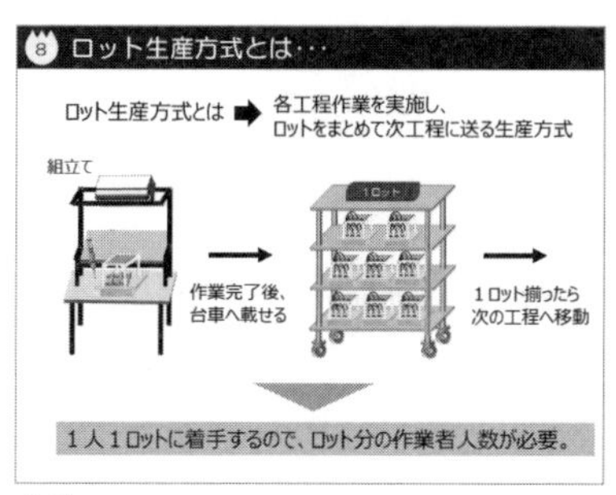

10

直したい点：工程の流れ(悪さ加減)は，スライドを見て伝えたいことがわかるように工夫しましょう．「回数」を示したいときには，載せ替え作業(○印)に数字を入れてカウントすると，わかりやすくなります．

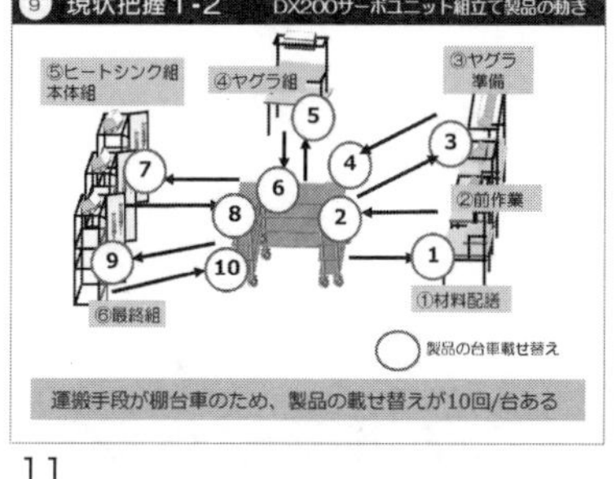

11

直したい点：人間の視線は，左から右(上から下)へ無意識に流れます．強調したいこと，結論として示すことは，左側(下側)に配置すると印象深いものとなります．

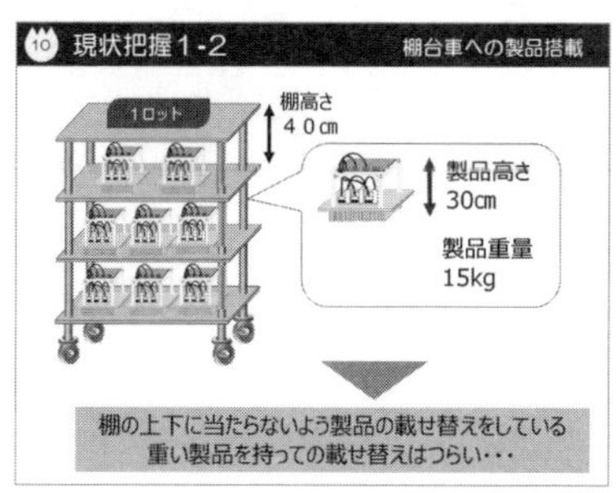

12

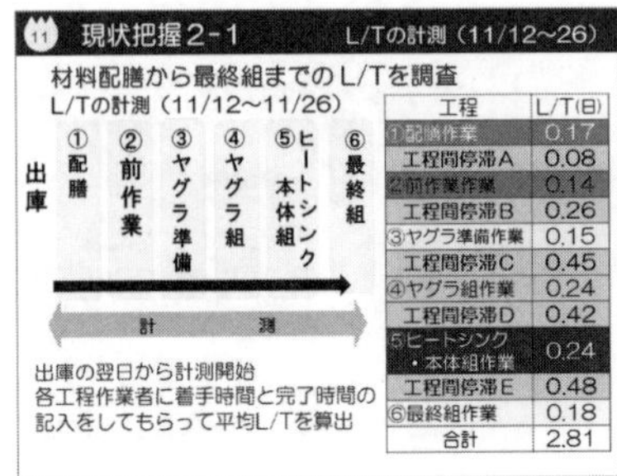

工程	L/T(日)
①配膳作業	0.17
工程間停滞A	0.08
②前作業作業	0.14
工程間停滞B	0.26
③ヤグラ準備作業	0.15
工程間停滞C	0.45
④ヤグラ組作業	0.24
工程間停滞D	0.42
⑤ヒートシンク・本体組作業	0.24
工程間停滞E	0.48
⑥最終組作業	0.18
合計	2.81

13

現状把握 2-1

組立てL/Tのデータを細かく層別するため，各工程実作業時間と，工程間の停滞時間を計測することにしました．各作業員が自分の受け持つ工程の着手時間と完了時間を2週間記録し，L/Tの算出を行いました．

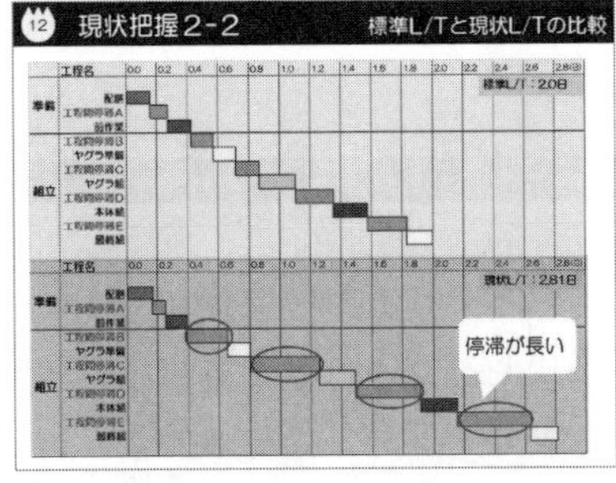

14

現状把握 2-2

あらかじめ設定されている標準L/Tと，実際のL/Tとをガントチャートで比較してみると，主作業よりピンクの部分の【工程間停滞】が長いことがわかりました．

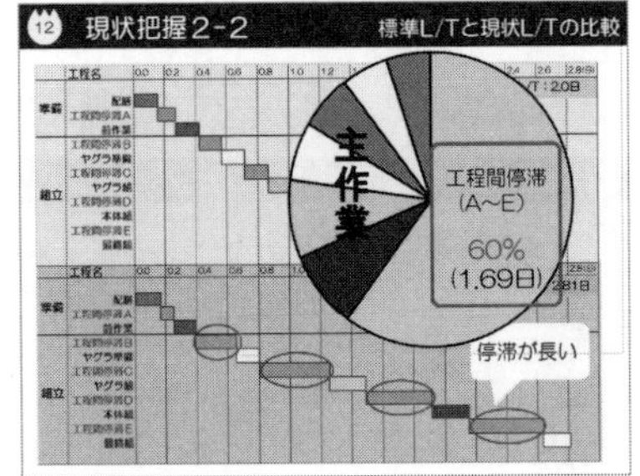

14

各工程の主作業時間と，工程間停滞時間との比率を表してみました．グラフからは工程間停滞がL/T全体の60%を占めていることがわかりました．

【スライドNo.13，14，15：現状把握2-1，2-2】

直したい点：1枚のスライド色付けは，3色程度に制限します．データ表を色で層別する場合，目立たせたい部分だけを1つに絞った配色とします．

直したい点：工程ごとL/Tをガントチャートで示した後，アニメーションで円グラフを重ねています．伝えることを明確にし，不必要なアニメーションは避けたほうが無難です．

ワンポイント ◆プレゼンスライドにおけるアニメーション動作について

アニメーションの使用は，一連の動作を表現する場合や改善前後を比較する場合など，使うべき場所を決めておくほうがよいでしょう．口述原稿に合わせて，文字や図表を入れ替わり出し入れするようなアニメーション動作はよくありません．多用することでかえって聞く人が混乱してしまうことがあります．アニメーションや動画再生におけるメリットとデメリットを表6.1に記します．

表6.1 アニメーションのメリット・デメリット

メリット	• 言葉や図で説明するよりも，内容がより明確に，正しく，短時間で伝わる
	• 視覚的に引きつけることで，よりインパクトのある説明となる
	• 動きのスピード(時間的な感覚)を伝えることができる
デメリット	• プレゼンを聞く人の，その先の推測や期待を一時的に妨げる (画面に集中することで，頭の中の前後の流れが途切れる)
	• 持ち帰りの資料として残らない，下の文字が重なって見えなくなる
	• 質疑応答などでもう一度スライドを出すときに，間が空いて興が削がれる
	• プレゼン時に正しく動作しないリスクがある，ファイル容量が大きくなる

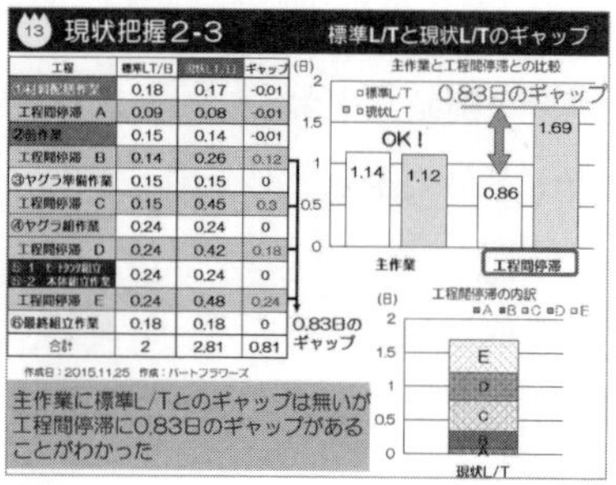
工程	標準LT/日	[illegible]	ギャップ
[illegible]	0.18	0.17	-0.01
工程間停滞 A	0.09	0.08	-0.01
[illegible]	0.15	0.14	-0.01
工程間停滞 B	0.14	0.26	0.12
③ヤグラ準備作業	0.15	0.15	0
工程間停滞 C	0.15	0.45	0.3
④ヤグラ組作業	0.24	0.24	0
工程間停滞 D	0.24	0.42	0.18
[illegible]	0.24	0.24	0
工程間停滞 E	0.24	0.48	0.24
⑥最終組立作業	0.18	0.18	0
合計	2	2.81	0.81

15

現状把握 2-3

各工程での標準とのギャップを見ると，工程間停滞B～Eの箇所にギャップがあります．標準と現状の比較を，主作業と工程間停滞に分けてグラフ化すると，主作業にギャップはありませんが，工程間停滞には0.83日のギャップがあります．この工程間停滞を改善すれば，組立てL/Tの短縮が望めることがわかりました．

14 現状把握まとめ

- ロット生産をしている
- 台車への製品載せ替えが10回/台発生している
- 現状の平均L/Tは　2.81日
- 工程間の停滞が
  全体の６０％を占めている
- 工程間の停滞で標準L/Tとのギャップが
  0.83日ある

16

現状把握まとめ

現状把握でわかったことをまとめると，ロットで生産をしている，台車への製品載せ替えが10回ある，平均L/Tは2.81日，工程間の停滞が全体の60％を占めている，工程間停滞で標準L/Tとのギャップが0.83日ある．以上のことがわかりました．

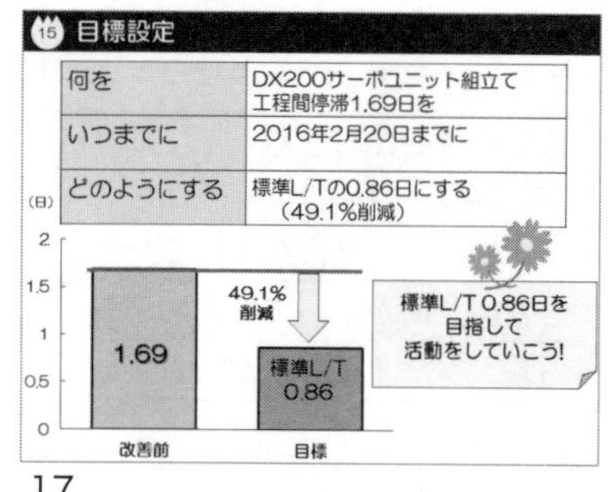
何を	DX200サーボユニット組立て 工程間停滞1.69日を
いつまでに	2016年2月20日までに
どのようにする	標準L/Tの0.86日にする （49.1％削減）

17

目標設定

DX 200サーボユニット組立て工程間停滞1.69日を，2016年2月20日までに49.1％削減して，標準L/Tの0.86日をめざして活動していくことを目標としました．

【スライド No.15：現状把握 2-3】

直したい点：QC サークル活動においては，「事実にもとづいてデータで行動を決める」考え方があり，それらを正しく見える化(見せる化)することで，余計な注釈コメントは不要です．スライドの要素は足し算ではなく，引き算でシンプル化をはかりましょう．

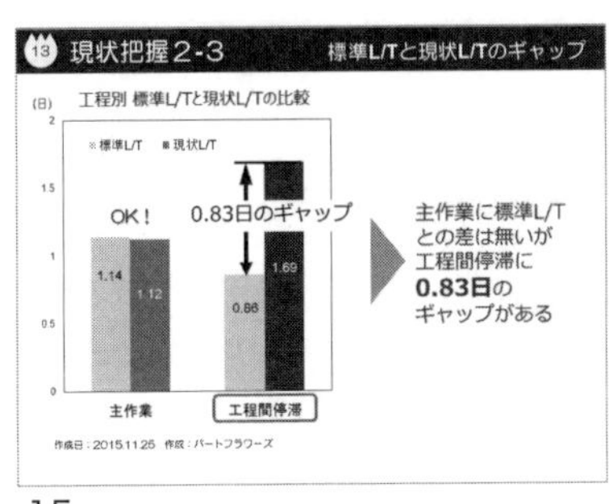

15

【スライド No.16：現状把握まとめ】

よい点：スライドごとに「わかったこと」を明記するとともに，活動ステップごとの「まとめ」を入れることで，聞いている人が整理できます．

直したい点：スライドで伝えたいことを含めて，カラフルな色を使って強調するのは失敗のもとですので避けましょう．よかれと思った背景色や色囲みも，そちらが目立ってしまう結果となります．

14 現状把握まとめ

・ロット生産をしている
・台車への載せ替えが10回/台発生している
・現状の平均L/Tは　2.8１日
・工程間の停滞が全体の６０％を占めている
・工程間の停滞で標準L/Tとのギャップが０.8３日ある

16

【スライド No.17：目標設定】

よい点：目標の3要素(何を，いつまでに，どれだけ)が明確になっていて，またわかりやすく見える化されています．

⑯ 活動計画と実績

計画 ----→　実績 ——→

	担当	10月度	11月度	12月度	1月度	2月
テーマ選定	浅倉					
現状把握 目標設定	桜井					
問題解析 検証	大竹					
対策検討	小島					
対策実施	荒井					
効果確認	大沢					
標準化と 管理の定着	大竹					
反省	浅倉					

一人ひとりが責任をもって活動を行えるよう人材育成を兼ねた活動計画を作成！

作成日：2015.11.30　作成者：パートフラワーズ

18

活動計画と実績

活動計画と実績は以下のとおりです．リーダーが各ステップの担当者をフォローし，メンバー一人ひとりが責任を持って活動を行えるように人材育成を兼ねた活動計画を立てました．

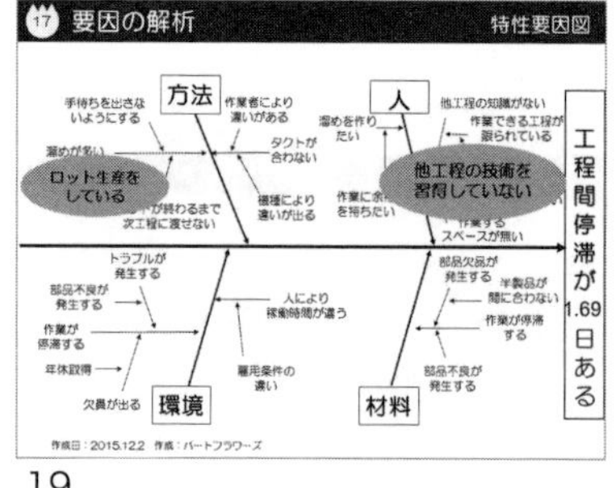

19

要因の解析

現状把握時にわかったことから要因を洗い出すため，「工程間停滞が 1.69 日ある」を特性とした特性要因図を作成し，人に関する要因として「他工程の技術を習得していない」，方法に関する要因として「ロット生産をしている」，以上の2つが重要要因として抽出されました．

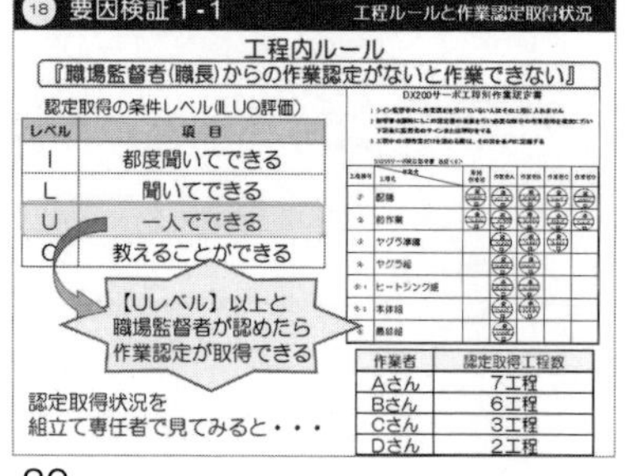

レベル	項目
I	都度聞いてできる
L	聞いてできる
U	一人でできる
O	教えることができる

作業者	認定取得工程数
Aさん	7工程
Bさん	6工程
Cさん	3工程
Dさん	2工程

20

要因検証 1-1

各工程には品質維持のための認定ルールがあり，工程ごとに【資格認定がないと作業ができない】ことになっています．認定取得の条件としては ILUO 評価での U レベル以上を職場監督者が認めて認定となります．現在の取得状況を確認すると，7 工程取得作業者から 2 工程しか取得していない作業者までいました．

【スライド No.18：活動計画と実績】

直したい点：活動を通じた人材育成の面で，ステップごとにベテランと新人とのペア活動を推進したり，サークルの弱点としていること（QC 手法の活用や運営停滞の防止）を改めるため，勉強会計画・中間レビュー時期などを意図的に計画するとよいでしょう．

16 活動計画と実績

計画 ---→　実績 ──→　中間レビュー計画 ★

	主・副担当	勉強会計画	10月	11月	12月	1月	2月
テーマ選定	浅倉	問題点の見つけ方					
現状把握 目標設定	桜井・浅倉	パレート図					
問題解析 検証	桜井・三橋	グラフ 特性要因図					
対策検討	小島・荒井	5現主義 なぜなぜ分析					
対策実施	荒井・三橋	動作分析					
効果確認	大澤・小島	－					
標準化と管理の定着	大澤・浅倉	標準化の 3要所					
反省	浅倉	－					

作成日：2015.11.30　作成者：パートフラワーズ

18

【スライド No.19：要因の解析（特性要因図）】

◆活動事例の発表において，聞く人が一番興味をもち，理解したい点の一つが「どのように問題を絞り込み，原因追究したのか」の解析ステップです．逆にいえば，このステップをわかりやすくすることで，よいプレゼン・魅力あるプレゼンになります．

よい点：抽出した要因を省略せず，主語＋述語で書かれています．また重要と思われた重要要因をマーキングして区別されています．また，スライドの文字ポイントは見える最低ポイント（16 ポイント程度）を使い，重要要因をアニメーションで拡大する工夫をしています．ただしアニメーションを使う際には，文字が下に隠れてしまいますし，要旨集の印刷時にも同じリスクがあることを承知しておいてください．

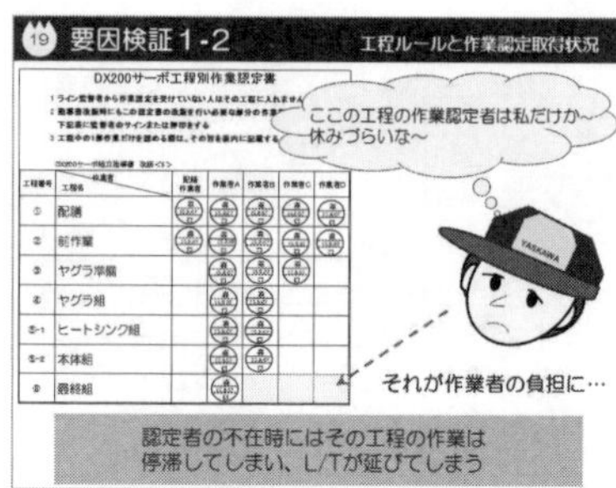

21

要因検証 1-2

作業認定者不在時には，その工程の作業が停滞してL/Tが延びてしまうことがあります．認定者の少ない工程では休みづらく，それが作業者の負担にもなっていました．

20 要因検証 1-3　他工程の技術を習得していない

作業認定者2名の工程⇒3箇所
作業認定者1名の工程⇒1箇所
作業認定者の不足が10箇所

組立て専任者
4名で検証

工程	配膳作業者	作業者A	作業者B	作業者C	作業者D
①材料配膳	○	○	○	○	○
②前作業	○	○	○	○	○
③ヤグラ準備		○	○	○	
④ヤグラ組		○	○		
⑤-1 ヒートシンク組		○	○		
⑤-2 本体組		○	○		
⑥最終組		○			

認定者の少ない工程に停滞が多い

真因

22

要因検証 1-3

重要要因としての「他工程の技術を習得していない」について作業者の工程認定取得状況を確認すると，組立て作業認定者が2名しかいない工程が3箇所あり，最終組立て工程では認定者1名のみでした．この認定取得状況と現状把握で計測したL/Tを照らし合わせてみると，工程間の停滞が多い工程は認定者が少ないということがわかりました．つまり認定者の少ない工程は作業停滞が多くなってしまうということです．

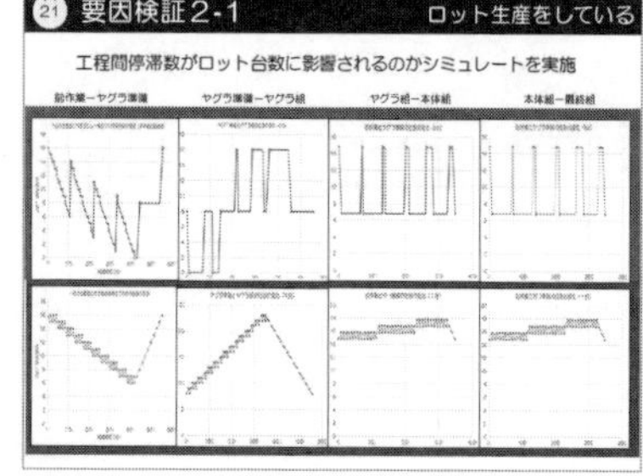

23

要因検証 2-1

もう1つの要因とした「ロット生産と工程停滞」について，工程間の停滞数とロット台数とがどのように影響しているのか，工程時間分析によるシミュレートを実施しました．

【スライド No.23：要因検証 2-1】

直したい点：グラフを見て何を伝えたいのか，どこを見て欲しいのか，ガイドが必要です．グラフの場合，軸の名称や，上・下(高・低)のどちらがよいのかを明確にしましょう．

ワンポイント　◆スライドへの図表・グラフの貼付けについて

現状把握や効果確認などで，スライドに図表・グラフを載せる方法としては，以下の手段があります(第 3 章 3-2 節(5)「PowerPoint スライドの構成要素」参照)．

① PowerPoint 上で Excel を立ち上げて編集する

② 別 Excel で作成したグラフを図として貼り付ける

グラフを図として貼り付ける場合，PowerPoint と相性のよい「(図)拡張メタファイル」の使用をおすすめします(図 6.1 参照)．ただし図として保存されますので，グラフを編集することはできません．

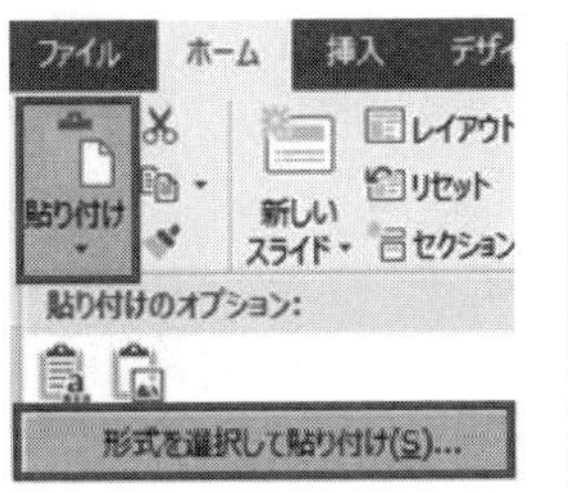

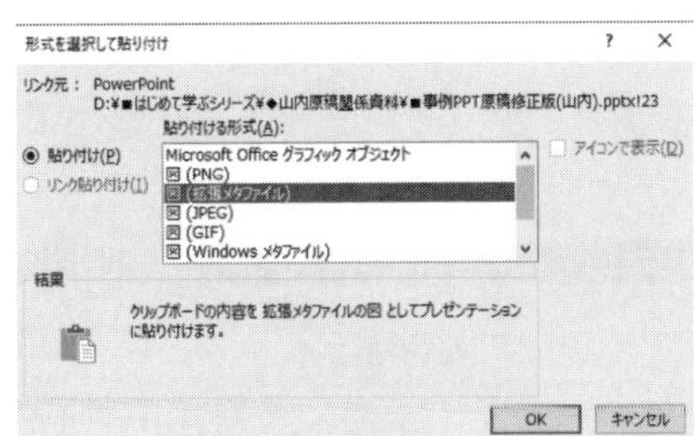

図 6.1　形式を選択して図を貼り付ける

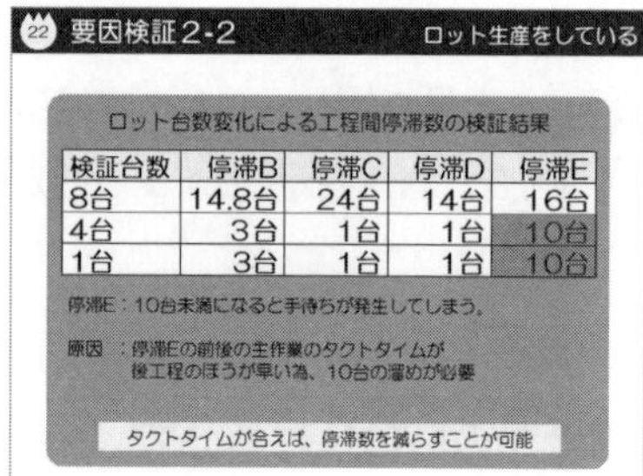

検証台数	停滞B	停滞C	停滞D	停滞E
8台	14.8台	24台	14台	16台
4台	3台	1台	1台	10台
1台	3台	1台	1台	10台

24

要因検証 2-2

検証の結果，現在のロットの大きさでは作業タクトタイムとの関係で，工程間手待ちが発生しています．ロット台数を小さくしていけば工程間の仕掛台数を減らすことが可能だとわかりましたが，停滞Eに関しては前後工程のタクトが合わず，10 台以上の溜めが必要になることもわかりました．

23 対策検討1　方策展開型系統図での検討

一次手段　二次手段　三次手段

工程間停滞を減らす
- 他工程の知識を習得する → 他工程作業の教育を行う
- 他工程の技術を習得する → 他工程の作業認定を習得する → 実践を入れた作業指導を行う
- ロット生産をやめる → 個別に流す(渡す)方式にする → 棚台車をやめる／タクトタイムを合わせる／レイアウトの変更をする

作成日：2016.1.6　作成：パートフラワーズ

25

対策検討 1

解析で明らかとなった要因をもとに「方策展開型系統図」を用い，対策の検討を行いました．

24 対策検討2　マトリックス図での評価

制約条件：効果…工程間停滞削減に直結する
費用…予算内に納まる
実現性…自社で実現できる

◎5点　○3点　△1点
掛け算で75点以上を採用

工程間停滞を減らす

三次手段		効果	費用	実現性	評価	採否	担当	期限
実践を入れた作業指導を行う	勉強会を開く	○	○	○	27	否		
	①ＯＪＴによる作業指導をする	◎	◎	◎	125	採用	桜井 荒井	12/5
棚台車をやめる	ｺﾝﾍﾞｱの設置をする	◎	△	△	5	否		
タクトタイムを合わせる	②個別台車の作製をする	◎	○	◎	75	採用	大竹 三橋	11/30
レイアウトの変更をする	③U字ラインの構築をする	◎	○	◎	75	採用	大澤 小島	12/15

作成日：2016.1.6　作成：パートフラワーズ

26

対策検討 2

3 次手段から 5 つの対策案を出し，評価点が 75 点以上を採用とすることにしました．採用となった 3 つの対策は担当と期限を決めて活動を進めていきました．

【スライド No.24：要因検証 2-2】

直したい点：重要なメッセージほど，囲みをつけずに大きなフォントとしたほうが効果的に強調できます．枠をつけるか色をつけるか，どちらか1つに限定しスライド全体で統一したルールを決めておくことが，見やすくなるコツです．プレゼンデザインの基本は，シンプルで見やすいことです．

22 要因検証 2-2　ロット生産をしている

ロット台数変化による工程間停滞数の検証結果

検証台数	停滞B	停滞C	停滞D	停滞E
8台	14.8台	24台	14台	16台
4台	3台	1台	1台	10台
1台	3台	1台	1台	10台

停滞Eの発生原因は、タクトタイムが合わないため
ロット数に関係なく、後工程のために10台分の溜めが必要

タクトタイムが合えば、
停滞数を減らすことが可能

24

【スライド No.25，26：対策検討 1，2】

よい点：系統図は二次手段・三次手段と横長の図になり，すべてを1枚に載せると見づらくなりますが(右図)，前後でつながりをもたせて2枚に分割するなど、工夫で詳細が見えるようにしています．

※アニメーションを使って“横スクロール(移動)”する方法もありますが，資料にすると下に重なる部分は見えなくなる欠点があります．

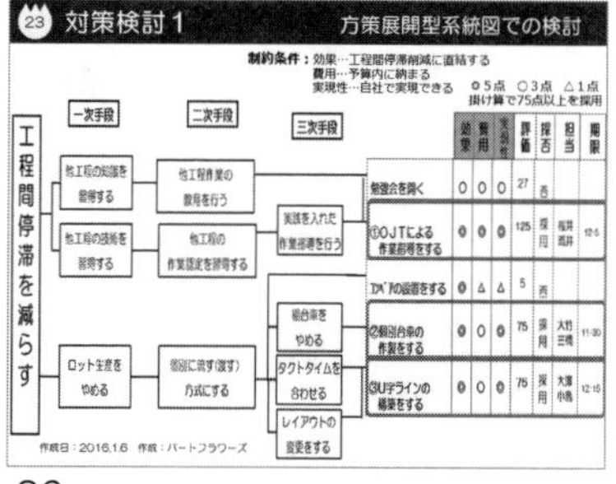

26

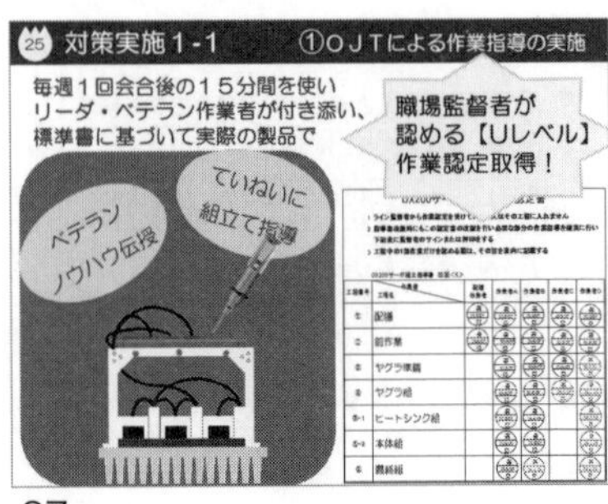

27

対策実施 1-1

作業認定者不足による停滞を無くすため，毎週1回，会合後の15分間を使い，リーダーやベテラン作業員が付き添いていねいに組立て指導し，ノウハウも伝授して認定資格習得をめざしました．そして職場監督者も認める作業認定を取得することができました．

26 対策実施 1-2　①ＯＪＴによる作業指導の実施

工程	教育に要する期間	判断基準
①材料配膳	2週間	出来ばえ
②前作業	2週間	出来ばえ
③ヤグラ準備	2週間	出来ばえ
④ヤグラ組	2週間	出来ばえ
⑤-1　ヒートシンク組	2週間	出来ばえ
⑤-2　本体組	2週間	出来ばえ
⑥最終組	1ヶ月	出来ばえ 全機種の経験

メンバーも認める
作業認定取得！

工程	作業者A	作業者B	作業者C	作業者D
①材料配膳	○	○	○	○
②前作業	○	○	○	○
③ヤグラ準備	○	○	○	●
④ヤグラ組	○	○	●	●
⑤-1 ヒートシンク組	○	○		●
⑤-2 本体組	○	○		●
⑥最終組	○	●		●

認定の取れた所が7箇所増え、各工程の作業認定者が
３人以上になり作業者の負担が軽減された

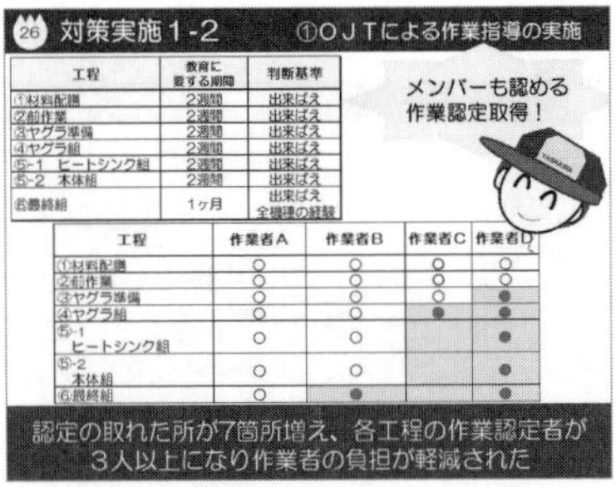

28

対策実施 1-2

職場監督者のILUO評価のほかに，教育の期間や合否判断基準を明確にして，メンバーも認める作業スキルの習得ができました．対策後には，新規に作業認定の取れたところが7工程増え，各工程の作業認定者が3人以上になったことで作業者の負担も軽減されました．

29

対策実施 2-1

工程間停滞の原因であった棚台車をやめ，個別台車を作製しました．作製にあたっては，メンバーからの要望をまとめた台車仕様を生産技術課に提示し，打合せを繰り返し実施しました．その結果，メンバーの納得のいく案で作製依頼をすることができました．

◆対策案の検討から実施にかけては，製品・業務に直結した内容となりますので，技術的な要素や手段論に固執せず，聞く人の立場になってスライドを作るようにしてください．対策にどのような工夫をしたのか，どこが苦労したのか，関係者とどのようにコミュニケーションをとったのか，複数案から最適策をどのように評価したのかなど，自分達の活動成果を上手に PR してください．

【スライド No.27：対策実施 1-1】

よい点：作業認定取得状況が，作業工程ごと，作業者ごとに整理され，わかりやすく表されています．

【スライド No.29：対策実施 2-1】

直したい点：メッセージが伝わるよいレイアウトは，各要素をアルファベットの“Z”型に並べることも効果的だといわれています．自然に視線が流れていくように，意識してZ型を使ってみましょう（図 6.2 参照）．

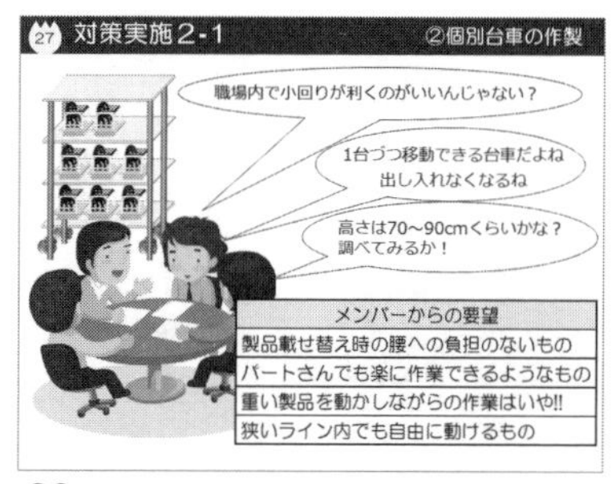

29

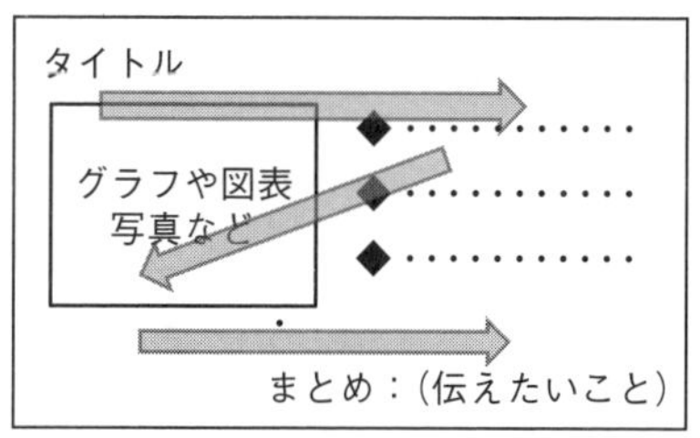

図 6.2　Z 型のレイアウト

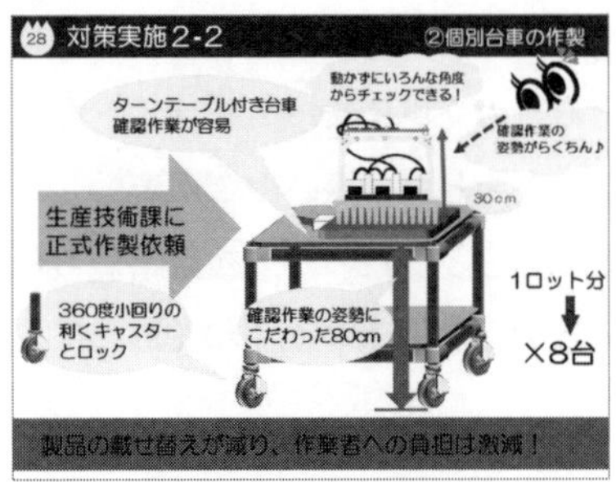

30

対策実施 2-2

製品完成時の全高が 30 cm あることより，台車の高さは約 80 cm としました．パートさんでも上から覗き込んで目視確認するためのターンテーブル付きです．また狭い通路でも自在に取り回しできるよう，四輪とも回転式のキャスターとロック機能など，私たちの意見を取り入れてもらいました．

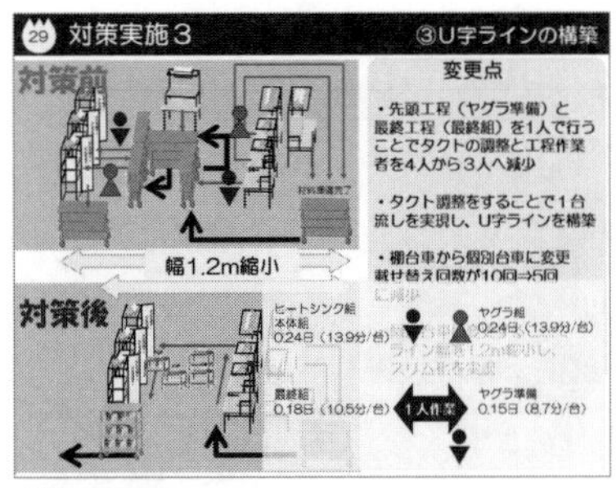

31

対策実施 3

棚台車から個別台車に変更したことで，各工程の作業台の配置を変更しました．組立て工程の幅を 1.2 m ほど縮めて移動距離を短縮．また，工程作業者を 4 人から 3 人へ減らすことができ，1 名を配膳・前準備工程へシフトしました．負荷の少なかった先頭と最終工程を兼任することでタクト調整し，1 台流しを実現しました．

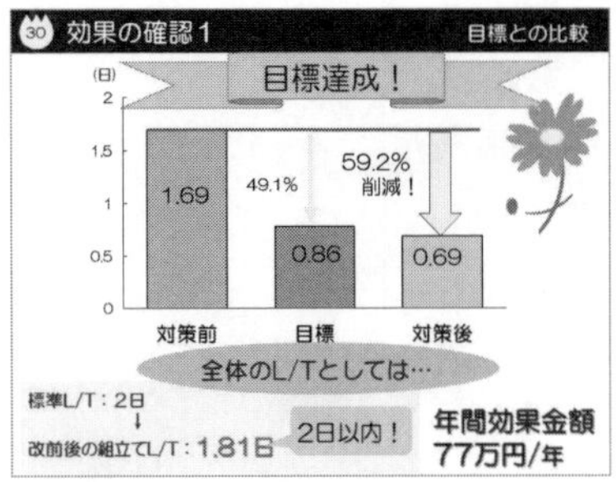

32

効果の確認 1

対策後の工程間停滞 L/T は，59.2％削減の 0.69 日となり，目標の 0.86 日を達成しました．全体の L/T は 1.81 日，標準の 2 日以内になりました．低減工数の年間効果金額としては 77 万円となります．

【スライド No.30：対策実施 2-2】

よい点：対策で工夫した箇所，こだわった点をわかりやすく PR しています．作業者目線で対策が施され，職場の一体感がうかがえます．

直したい点：不要な情報量が多すぎます．スライドレイアウトは「左から右」あるいは「上から下」が基本です．事実から結論に絞った表現を，シンプルに示すようにしましょう．

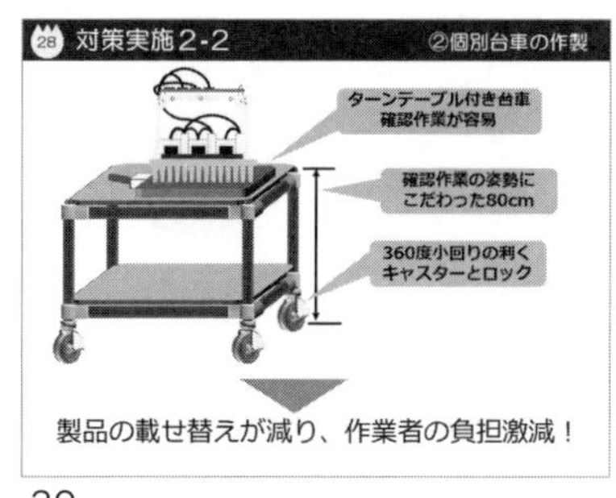

30

【スライド No.32：効果の確認 1】

直したい点：効果確認における目標値は，めざす水準として“目標線(破線)”として表現しましょう．改善前／目標／改善後と，3 本のグラフを立たせるのはよくありません．

※改善前後のパレート図を並べる場合には，改善前の測定目盛りに合わせ，累積比率は合わせません．ヒストグラムを並べる際には，上下に並べて分布の形がわかるようにします．どちらも，改善効果を正しく伝える工夫をします．

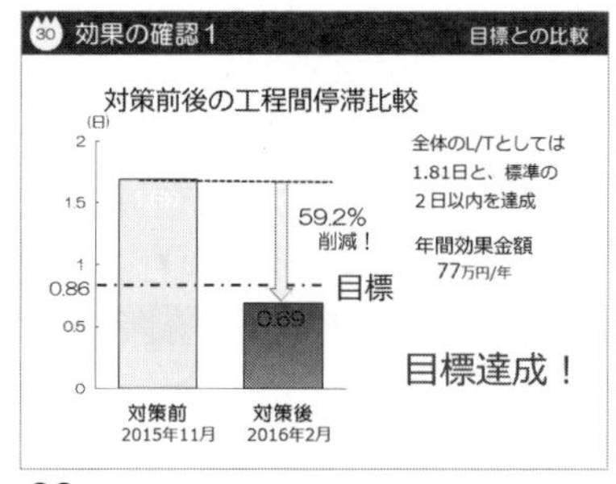

32

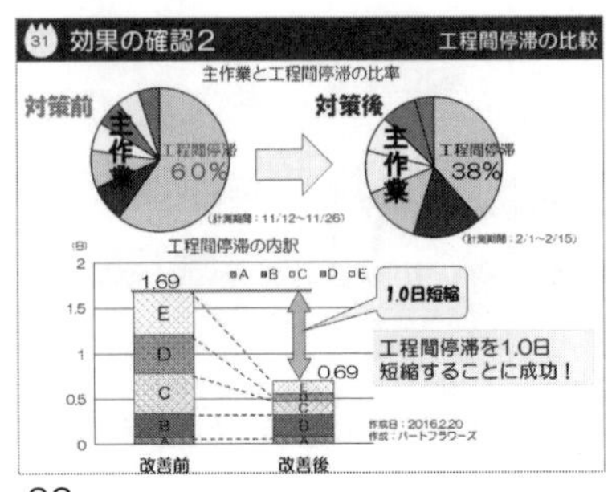

33

効果の確認2

対策前に60％を占めていた工程間停滞が，対策後には38％と低減しました．工程間A～Eの内訳グラフでの比較を行ってみると1日短縮ができており，C以降の工程間停滞が低減できています．

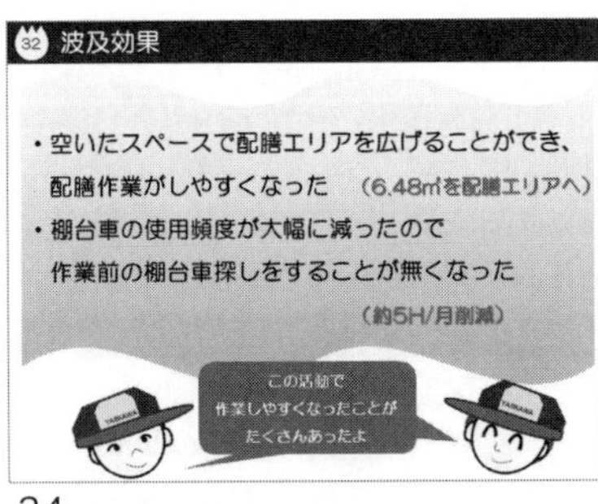

34

波及効果

工程レイアウト変更により，空いたスペースで配膳エリアを広げることができ，配膳作業がしやすくなりました．作業前に，使用する棚台車を探す時間も，月に約5H削減することができました．

35

無形効果

メンバー全員が各項目1つレベルを上げることができ，サークルレベルとしても，全体的として少しだけレベルが上がりました．これからも焦ることなく1歩1歩レベルアップしていけるような活動をしていきたいと思います．

【スライド No.33：効果の確認 2】

直したい点：事例発表に使うスライドはカラーで作るのが一般的ですが，要旨の元図として流用する場合があります．白黒(モノクロ)で印刷されることを考慮して，読みやすいデザインを意識する必要があります．

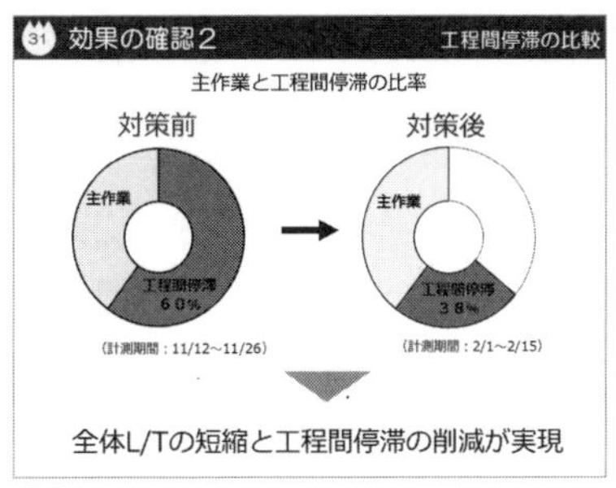

33

ワンポイント　◆白黒印刷を考慮したデザイン

背景がある場合は薄い色を使い，影つき文字は避けましょう．グラフの色付けでは，明るさ(明暗)やコントラストで区別する，パターン(模様)を加える，境界線を明確にするなどの工夫をします．また強調文字・数字は，色付きや太字で識別するのではなく，フォントサイズを変えることが良策になります．

PowerPoint では＜表示＞タブから＜グレースケール＞を選択することで，白黒画面の確認ができます(図 6.3 参照)．作成したスライドが問題ないかを確認してください．

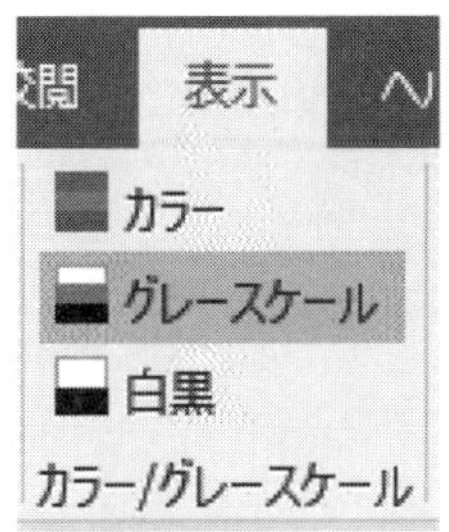

図 6.3　グレースケールへの切り替え

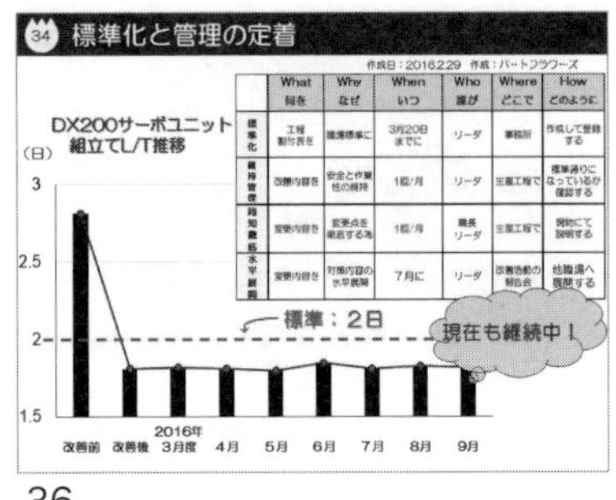

36

標準化と管理の定着

今回の改善内容を，標準化，維持管理，周知徹底，水平展開，それぞれについて5W1Hにまとめ，歯止めとしました．DX 200サーボユニット組立てL/Tは，現在も標準の2日以内を継続しています．

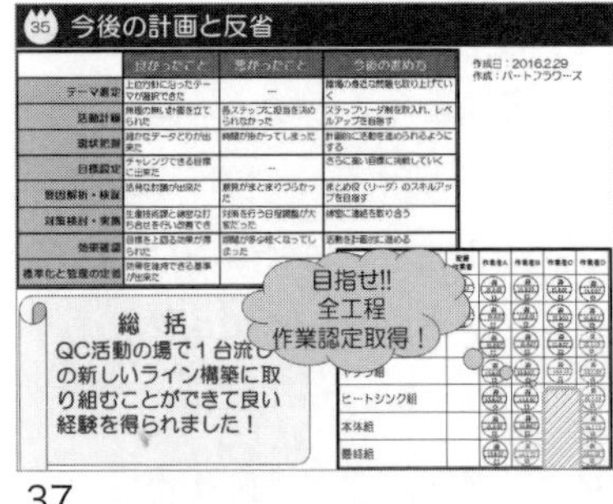

37

今後の計画と反省

ステップごとに反省と今後の進め方をまとめ，次の活動につなげていくようにしました．また，作業認定を取れていないところにも力を入れて教育を継続し，全工程取得をめざしていきたいと思います．

ご清聴
ありがとうございました
パートフラワーズ

38

これで，パートフラワーズの改善発表を終了します．ご清聴ありがとうございました．

【スライド No.36：標準化と管理の定着】

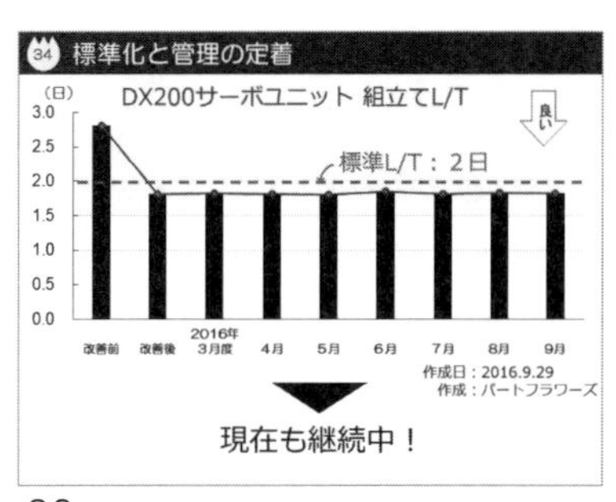

36

直したい点：QC サークル活動における事例発表では，QC 手法(グラフ，パレート図など)は簡素化した絵図ではなく，ルールに則って正しく書くのが原則です．軸単位(0 点を合わせる)や表題，作成日・作成者の情報も付記してください．

【スライド No.37：今後の計画と反省】

直したい点：1 つのスライドに表と図(またはグラフ)があり，表の内容はフォントが小さく文字が見えません(スライド No.36 の表も同様です)．それぞれ別々のスライドにして，見えるようにしましょう．

【スライド No.38：最終スライド】

よい点：発表の最後に，聞いてくださった方々へのお礼を述べています．ご静聴とご清聴の使い分けを，間違わないようにしてください．

○ご清聴：静かに聞いてくれたお礼

×ご静聴：静かに聞くように依頼

プレゼン終了後は，「スライド一覧」にするなどして，質疑応答に備えましょう．

参考・引用文献

1) 松田亀松・杉浦 忠・山田佳明：『QC サークルのための OHP 入門』，日科技連出版社，1988 年.

2) 杉浦 忠・山田佳明：『QC サークルのための QC ストーリー入門』，日科技連出版社，1991 年.

3) 杉浦 忠・山田佳明：『続 QC サークルのための QC ストーリー入門』，日科技連出版社 1999 年.

4) 杉浦 忠・山田佳明：『QC サークルのための PowerPoint 実践テクニック』，日科技連出版社，2005 年.

5) 山田佳明 編著，新倉健一・羽田源太郎・松田啓寿：『QC サークル活動の基本と進め方』，日科技連出版社，2011 年.

6) 井上香緒里・できるシリーズ編集部：『できる PowerPoint 2010』，インプレスジャパン，2010 年.

7) 技術評論社編集部・稲村暢子：『今すぐ使えるかんたん PowerPoint 2019』，技術評論社，2019 年.

8) 高橋佑磨・片山なつ 監修：『ゼロから身について一生使える！ プレゼン資料作成見るだけノート』，宝島社，2019 年.

9) 「発表会におけるプレゼンテーション」，『QC サークル』，No.650，日本科学技術連盟，2015 年.

10) 「だれにでもできる発表」，『QC サークル』，No.308，日本科学技術連盟，1988 年.

11) 今里健一郎・佐野智子：『生き生き改善活動あれこれ 27 か条』，日科技連出版社，2011 年.

12) 「発表サークル・準備マニュアル / 発表インストラクション」，QC サークル関東支部埼玉地区

13) 「レーザーポインターを上手に使う 5 つのポイント」，レーザーポインター専門店 Lasers ブログ「LASER QUEST」.
https://lasers.jp/laserquest/?p=144（2020 年 4 月 2 日閲覧）

索　引

【英数字】

【あ】

【か】

【さ】

【た】

【な】

【は】

【ま】

【や】

【ら】

執筆担当

山田　佳明　(㈱ケイ・シー・シー，元 コマツユーティリティー㈱)
……はじめに，本書の使い方，第1章，第2章

須加尾　政一　(Q&SGA研究所　代表，(一財)日本科学技術連盟　嘱託，
元 コニカミノルタ㈱)
……第1章，第3章，第4章

山内　高　(㈱安川電機)
……第1章，第5章，第6章

はじめて学ぶシリーズ
QCサークル発表の基本と実践
—魅力あるプレゼンに向けて—

2020年5月30日　第1刷発行

編著者　山田佳明
著　者　須加尾政一
　　　　山内　高
発行人　戸羽節文

発行所　株式会社　日科技連出版社
〒151-0051　東京都渋谷区千駄ヶ谷5-15-5
DSビル
電　話　出版　03-5379-1244
　　　　営業　03-5379-1238

検印
省略

Printed in Japan　　印刷・製本　株式会社中央美術研究所

ISBN978-4-8171-9710-8
URL https://www.juse-p.co.jp/